身边的物理化学

物理·化学

褚昱昊　张花花◎编著

山东教育出版社
·济南·

图书在版编目（CIP）数据

身边的物理化学 / 褚昱昊，张花花编著. -- 济南：山东教育出版社，2024.11.（2025.2 重印）--（中国中小学生通识教育课）. -- ISBN 978-7-5701-3342-0

Ⅰ. O-49

中国国家版本馆 CIP 数据核字第 2024AP1776 号

SHENBIAN DE WULI HUAXUE

身边的物理化学 褚昱昊 张花花 / 编著

主管单位：山东出版传媒股份有限公司

出版发行：山东教育出版社

地址：济南市市中区二环南路 2066 号 4 区 1 号 邮编：250003

电话：（0531）82092660 网址：www.sjs.com.cn

印 刷：济南新先锋彩印有限公司

版 次：2024 年 11 月 第 1 版

印 次：2025 年 2 月 第 2 次印刷

开 本：787 毫米 × 1092 毫米 1/16

印 张：6

字 数：123 千字

定 价：49.00 元

（如印装质量有问题，请与印刷厂联系调换）印厂电话：0531-88618298

序言

新课程改革给教育带来了极大的变化，其中最大的变化就是强调培养德智体美劳全面发展的人。过去，我们的学校教育偏重应试教育，导致素质教育不能得到真正落实。为了改变这一局面，新课标增加了通识教育的内容。

通识教育是教育的一种，它的目标是在现代多元化的社会中，为受教育者提供跨越不同群体的通用知识和价值观。随着人类对世界的认识日益深入，知识分类也变得越来越细。人们曾以为掌握了专业的知识，就能将这一专业的事情做好。后来才发现，光有专业知识并不一定能在相关领域有所创造。一个人的创造力必须是全面发展的结果。我国古代的思想家很早就认识到通识教育的重要性。古人认为，做学问应“博学之，审问之，慎思之，明辨之，笃行之”，并且认为如果博学多识，就有可能达到融会贯通、出神入化的境界。如今，开展通识教育已经成为全世界教育工作者的共识。通识教育让我们的学校真正成为育人的园地，培养德智体美劳全面发展的人。

家长们也许要问，什么样的知识才具有通识意义？这正是通识教育关注的焦点问题。当今世界风云变幻，知识也在不断更新，这就需要更多的专业人员站在人类文明持续发展的高度，从有益于开发心智的角度出发，在浩瀚的知识海洋中认真筛选，为学生们编写出合适的书籍。

目前，市面上适合中小学生阅读的通识教育类的书籍并不多见，而这套《中国中小学生通识教育课》则为学生们提供了一个很好的选择。该系列涵盖人文、社会、科学三大领域，内容广泛，涉及哲学、历史、文学、艺术、传统文化、文物考古、社会学、职业规划、生活常识、财商教育、地理知识、航空航天、动植物学、物理学、化学、科技以及生命科学等多个方面。编写者巧妙地将丰富的知识点提炼为充满吸引力的问题，又以通俗有趣的语言加以解答。我相信，这套丛书会受到中小学生们的喜爱，或许会成为他们书包中的常客，或是枕边的良伴。

贺绍俊

文学评论家

目录 CONTENTS

金矿
铜矿
铁矿
银矿
木炭

身边的物理化学

从清晨醒来睁开双眼，到夜晚入睡进入梦乡，我们无时无刻不在与物理、化学现象打交道。你有没有想过，为什么雨后会有彩虹？为什么人会被门把手电到？为什么盐会消失在水中？在这些有趣的现象背后，其实藏着神奇的科学知识！

关于光的那些事

有光就会产生影子。
世界上可没有真正的“无影灯”！

你了解光吗？

我们把能够发光的物体都称为光源。光是一种能量形式，有了它，人类才能用眼睛去感知世界，并借助它去发射信号、拍摄图像、探究宇宙深处的秘密。科学家认为，光既是电磁波，也是粒子，具有波粒二象性。简单来说就是，它有时候表现得像是波动，有时候又表现得像是由很多小粒子组成的。世界上没有什么物质可以比真空中的光跑得更快。在真空环境下，光只用 1 秒钟就可以传播 299792458 米，相当于地球赤道长度的 7.5 倍！

太阳就是一个自然光源。
月球遮住了太阳发出的光，就会形成日全食。

光的反射与折射

光沿直线传播，但当它穿过不同的物质时，其传播方向可能发生改变。为了表示光的传播情况，我们通常会使用一条带有箭头的直线来表示光传播的路线和方向。这条现实中并不存在的直线被叫作光线。

光遇到桌面、镜面、水面等物体表面会发生反射。如果表面光滑，反射回的光线是有序的，称为镜面反射；如果表面凹凸不平，反射回的光线是无序的，称为漫反射。

光从空气斜射入水中时，它的传播方向会发生偏折，这种现象称为折射。折射可以让物体看起来更大或者更小。

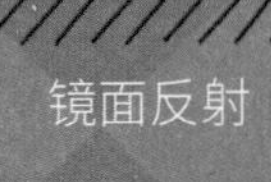

镜面反射

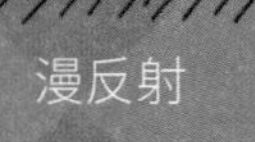

漫反射

折射

浪漫的丁达尔效应

在日常生活中，我们经常会看到这种美丽的自然现象：阳光在清晨时分透过树叶间隙洒下，或者在午后时分从窗户照进房间，形成一道道明亮的光柱……这些都是丁达尔效应。丁达尔效应，以英国物理学家约翰·丁达尔的名字命名，指的是光线穿过含有颗粒的介质（如胶体溶液、雾或灰尘颗粒）时，会因为与介质中的小颗粒相互作用而发生散射，人们从侧面可以看到圆锥形的光束。

光与影子

当有阳光或其他光源时，如果物体阻挡了光线的一部分，那么在物体后面就会有一个较暗的区域，这就是影子。如果有多个光源，物体可能会产生多个影子，每个影子对应不同的光源。当光源靠近地面时，影子通常较长；当光源较高时，影子则较短。影子可分为半影和本影两部分，本影是光在传播过程中遇到不透明物体时，在物体后方形成的光线完全照不到的区域，半影则是只有部分光线能照得到的区域。

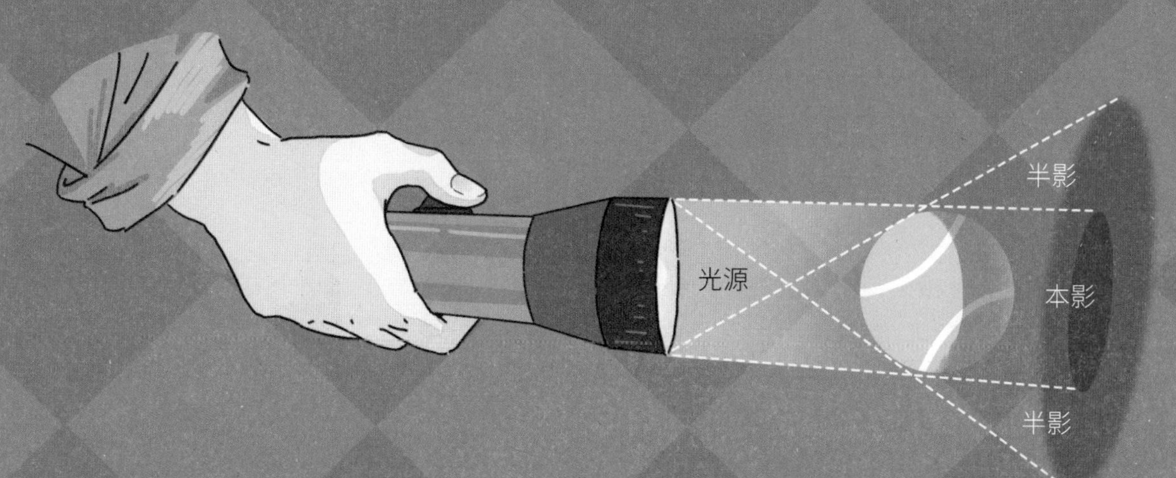

彩虹真有七种颜色吗？
看招！

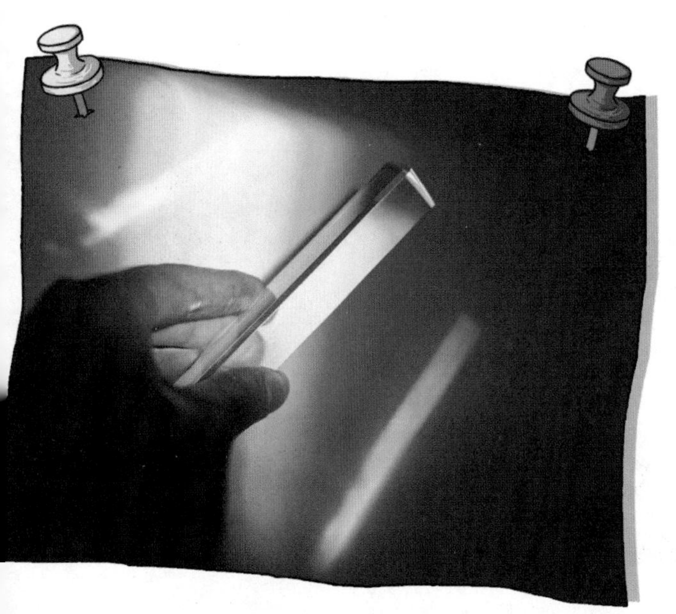

光是什么颜色？

当一束看起来是白色的太阳光通过棱镜时，它会被分解成红、橙、黄、绿、蓝、靛、紫七种从上到下依次排列的彩色光带。这种由复色光分解为单色光的现象，我们称为光的色散。太阳光被分解成不同颜色的光后，形成的按照波长排列的图案，叫光谱。光谱上除了可见光，还有一些是我们眼睛看不见的光，比如红外线和紫外线。

看不见的光

太阳光是白光，它由各种色光混合而成。其中红、绿、蓝是光的三原色，它们按照不同的比例混合后，可以产生各种颜色的光。可见光是人类通过眼睛能够感知的光，但它们只在光谱中占一小部分；我们熟悉的红外线、紫外线、X 射线、伽马射线等都属于不可见光，虽然我们难以用眼睛捕捉它们的踪迹，但它们与我们的生活息息相关，比如紫外线可以用来灭菌、防伪等。

让我给你点儿颜色瞧瞧！

彩虹是怎么形成的？

彩虹经常出现在雨后的天空中，这是因为下雨之后的天空中漂浮着大量小水滴，这些小水滴就像三棱镜一样能将太阳光分解。当太阳光射入水滴时，光线会发生折射、反射和色散，最终在天空中形成一道拱形的光谱。聪明的你一定想到了，彩虹其实并不是七彩的，它是由许许多多、连续不断的色光组成的。天空中有时会出现两道彩虹。双彩虹是阳光在水滴内进行两次反射后形成的特殊现象。我们将原彩虹叫虹，外围较暗的则称为霓。虹的颜色是外红内紫的，霓则恰恰相反，是外紫内红的。

42°
这算不算“人多力量大”？
怎么不算呢？水滴集聚多了，才会出现美丽的彩虹！

你知道吗？

你是不是以为彩虹只在雨后才出来露个脸呢？其实啊，彩虹可没那么害羞！就像阳光和空气中的小水滴跳起了一场色彩斑斓的舞蹈，只要条件合适，它们就能变出一道彩虹。想象一下，喷泉旁、瀑布边，甚至洒水车经过的街道，都有可能成为彩虹的舞台。所以，下次当你路过水花飞溅的地方，不妨抬头看看，说不定就能看到彩虹在对你微笑呢！

X射线为什么能“看透”你？

医生让我拍了X光片。“X光”到底是啥？

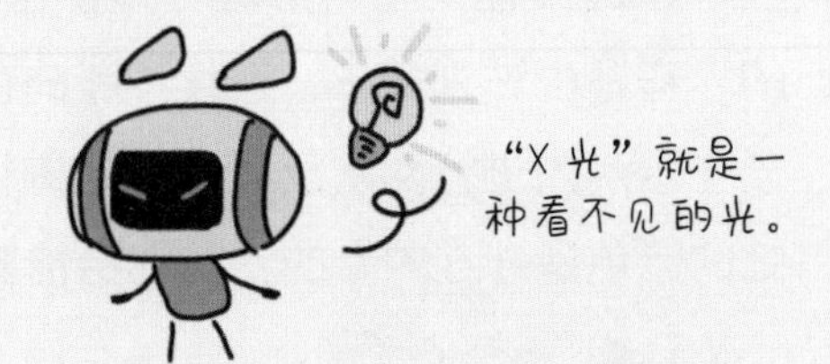
“X光”就是一
种看不见的光。

谁发现了X射线？

X射线也被称为“伦琴射线”，这是因为它是德国物理学家威廉·伦琴在1895年发现的。当时，伦琴意识到这种不可见的射线可以用于探查人体内部，便利用它拍摄了自己妻子的手部骨骼图像，留下了世界上第一张X射线照片。X射线的发现对物理和医学领域都有着非凡的意义，更是开启了医学影像学的新篇章，使医生不必开刀也可以看到病人身体内部的病变组织。1901年，伦琴因发现X射线，获得了历史上第一个诺贝尔物理学奖。

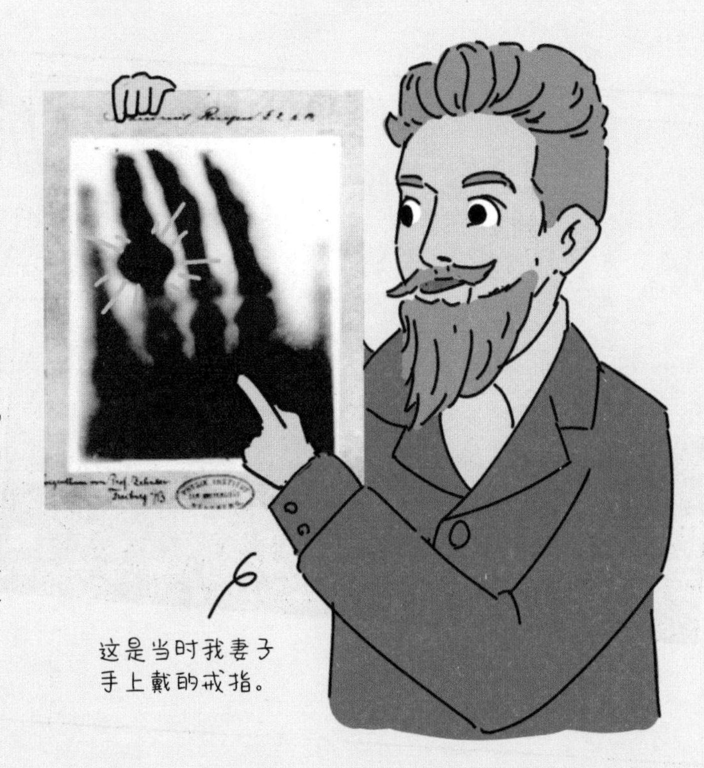
这是当时我妻子
手上戴的戒指。

X射线是什么？

X射线是一种频率很高、能量很大的电磁波。电磁场中的能量以电磁波的形式向外传播时形成了电磁辐射。电磁辐射无处不在，生活中有很多常见的电磁辐射源，比如太阳、雷电、微波炉、电视机等，它们都能发射出电磁辐射。电磁辐射的能量和频率有关，频率越高，能量就越大。

可见光

无线电波	微波	红外线	紫外线	软X射线	硬X射线	伽玛射线

X 射线有什么用处？

相机可以将眼睛看到的景象拍成照片，X 光机就是一种类似照相机的设备，它可以用来拍摄我们人体的内部结构。人体的骨骼和组织具有不同的密度和厚度，对 X 射线的吸收程度不同。当 X 射线穿过人体时，一部分会被吸收，另一部分则会穿透人体在探测器上显示出不同密度的阴影。根据 X 光的影像成片，医生可以对病症做出判断。同时，X 射线具有较高的穿透性，在工业中常被用来做金属材料、零件接头的无损检测。也可以根据 X 射线的吸收程度，来分析材料的成分和结构。

R

你知道人有多少根肋骨吗？24 根！

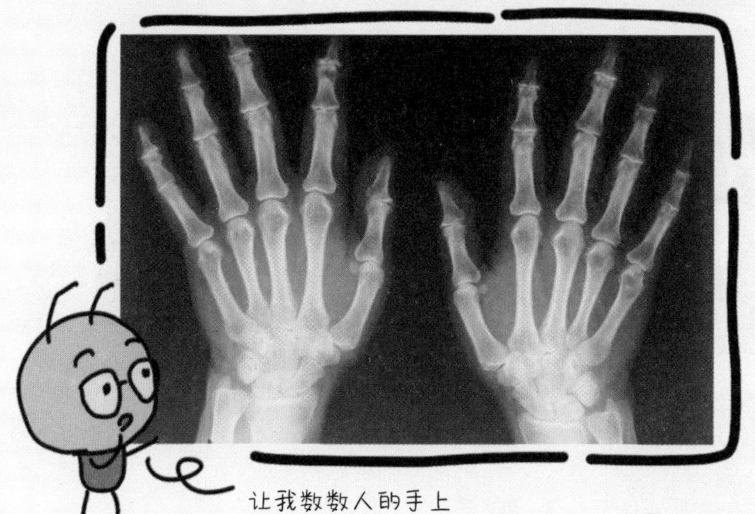
让我数数人的手上
有多少根骨头……

X 射线的危害有哪些？

X 射线虽然看不见、摸不到，但因为它能量大，对细胞具有电离作用，所以对人体有一定的危害。比如，破坏人体的免疫细胞，造成免疫力下降，引发皮肤病、白血病、恶性肿瘤等。虽然 X 射线的危害比较大，但国家已经制定了一系列的辐射剂量标准，并且在医院进行 X 光检查时，医生也会根据情况为我们佩戴辐射防护装备，比如铅围脖、长铅方巾等。

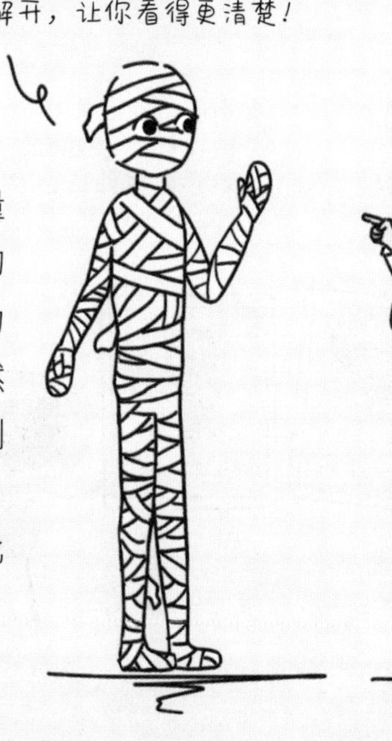
为什么我要做 X 光检查？我可以
把绑带解开，让你看得更清楚！

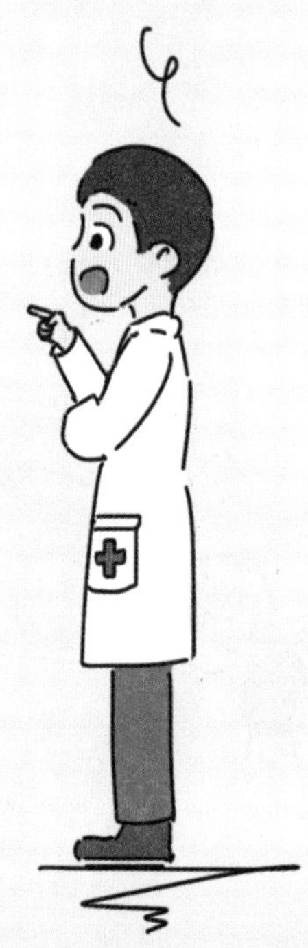
你说得有道理……

发现声音背后的奥秘

和谐有序的声音是乐音！
杂乱无章的声音是噪声！

音色

音色是声音的一种特性，它决定了声音的特色或质感，好比声音的“指纹”。因为不同的声音往往具有不同的音色，所以音色使得我们能够分辨出不同乐器或不同人的声音，即使这些声音具有相同的声调和响度。举个例子，在演奏会上，即使有许多种乐器一起发出声音，我们仍能分辨出唢呐的嘹亮、笛子的悠扬、二胡的深沉……因为不同乐器具有不同的构造、发声原理或演奏方式，所以它们的音色也各具特点。

绘彩陶伎乐女俑，隋代，河南博物院藏

响度

响度又称音量、声量，是指人耳感受到的声音强弱程度。它是一种主观感受，取决于声波到达耳朵时的能量大小，但同时也受到人类听觉系统的复杂特性和个人感知差异的影响。长时间暴露在一定响度的声音环境中，人耳可能会逐渐适应这种响度，导致对于声音响度的感知发生变化。分贝是用来度量声音强度的单位，0 分贝相当于人耳刚能听到的声音，60 分贝相当于正常交谈的声音。

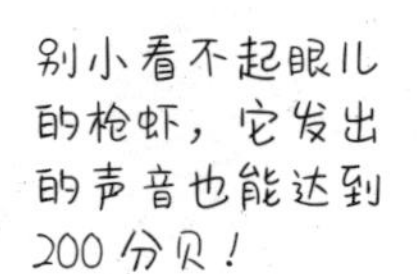

别小看不起眼儿的枪虾，它发出的声音也能达到200分贝！

抹香鲸发出的声音可以高达230分贝！

声调

声调又称音高、音调，它描述的是一个音符的高低。音调的高低是由发声体的振动频率决定的。振动频率越大，音调越高；振动频率越小，音调越低。不过，你接收到的声音的声调还会受到你与发声体之间的距离的影响。比如，当救护车一边鸣笛一边向你行驶来时，你会发现鸣笛声发生了变化，它会变得更加明亮；当救护车离开你，行驶得越来越远时，鸣笛声又会逐渐变低沉，直到完全听不到。这就是多普勒效应。

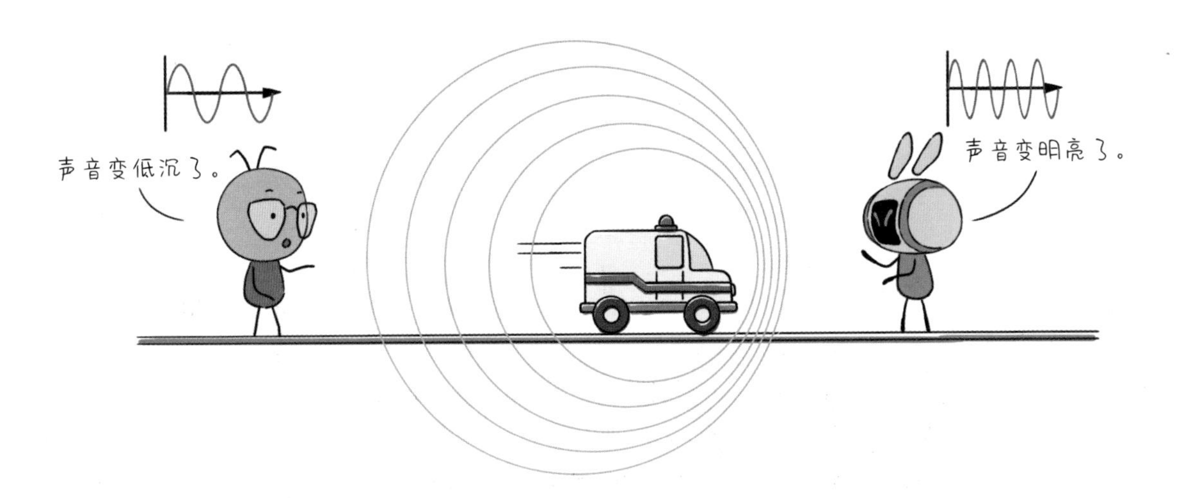

声速

声速是指声波在特定介质中传播的速度。通常情况下，声波在固体中传播最快，其次是液体，最后是气体。在0°C的空气中，声音的传播速度约为每秒331米；在常温的水中，声音的传播速度则提升到大约每秒1500米；在常温状态下，声音在大理石中则传播得更快，约为每秒3810米。不过，声速会受多种因素影响，例如温度、压力等。介质的温度越高，声音的传播速度越快，反之则越慢。

为什么“余音”可以绕梁？

声音是怎么产生的？

用筷子敲打铁叉，可以听到叉子的声音，这时把叉子放进水中，会发现叉子周围的水面出现一圈圈的涟漪。由此可见，声音是由物体振动产生的，我们把发声的物体叫作声源。我们说话有声音，是因为声带在振动；打鼓有声音，是因为鼓面在振动；小溪流淌的哗哗声，是因为溪水在振动。

声音的传播

声音以波的形式传播，但需要借助介质才能实现。任何固体、液体、气体都可以成为声音传播的介质。我们能听到对方讲话就是因为声音能在空气中传播；钓鱼时不能大声说话，否则会把小鱼吓跑，是因为声音能在液体中传播；把耳朵贴在墙壁上，可以听到敲墙壁的声音，是因为声音可以在固体中传播。另外，因为真空是没有任何物质的空间，所以声音无法在真空中传播。

为什么会有回声?

当我们在高山上大声呼喊时，为什么可以听到自己的声音呢？这是因为声音在传播的过程中发生了反射。当声波在传播途中遇到障碍物无法通过时，就会被反弹回来，出现回声。我们称赞他人歌声或音乐优美时所说的“余音绕梁”，就是由于回声现象产生的。乐器振动时产生了声波，声波遇到墙壁、房梁时会被反射，所以乐器停止振动后，还会有一些被反射的声波形成余音被我们听到。声呐的工作原理基于回声定位法，即发射声波，然后根据声波反射回来的时间和强度来确定目标的位置、大小和其他特性。

你知道吗?

蝙蝠可以用嘴巴或者鼻孔发出人们听不到的超声波，这些超声波在遇到墙壁或昆虫时会被反射。根据反射回来的超声波，蝙蝠可以确定目标的位置和距离，在黑暗中精准地躲避障碍物、捕捉猎物。

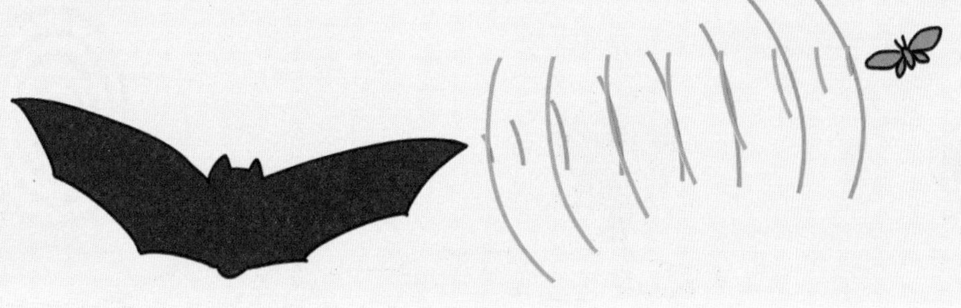

力究竟是什么东西？

你再用点儿力啊！

我已经尽力了！

什么是力？

如果我们想喝杯子里的水，手上用些力气就能捏住、拿起杯子；但我们要想把汽车举起来，就算是用了全身的力气也不行。物体之间的相互作用都离不开“力”这位大魔法师，那么它究竟长什么样子呢？力是看不见的，但它无处不在。力可以改变物体的形状，比如长条形的橡皮泥能被捏成小鸭子；力可以改变物体运动的方向，比如运动员用球拍击打羽毛球，让它向反方向飞去；力还可以让物体运动得更快或更慢，比如顺风时船航行得快，逆风时船航行得慢……现在，让我们来给力下个定义：施加于物体上，可使其改变运动状态或发生变形的作用就是力。

我力气很大！
我力气很小！
好费力！
好省力！

为什么“一个巴掌拍不响”？

如果物体 A 对物体 B 施加了一个力，那么物体 B 也会以同样大小但方向相反的力“回敬”物体 A，这两个力被称为作用力与反作用力。举个例子，当我们用力地拍皮球时，皮球会跳高，我们的手心也会感到疼痛。所以，俗话说得好，只有一个巴掌是拍不响的——因为力总是成对出现的，单方面的力是不存在的。

你在拉弓的同时，弓也在抵抗被你拉开。

生活中常见的力

力与我们的日常生活息息相关。由于重力的作用，水总是往低处流，而重力是地表附近的物体由于地球的吸引而受到的力；相比粗糙的柏油路，在光滑的冰面上行走时，我们更容易摔跤，这是因为鞋底和冰面之间的摩擦力较小，而摩擦力就是物体之间相互摩擦产生的力；我们可以用手把弹簧压瘪，但松手后，它又由于弹力的作用恢复了原状，弹力由弹性形变引起，弹性形变就是物体在外力作用下产生，而在外力撤除后可恢复的形变……除了这些，你还知道有哪些力呢？

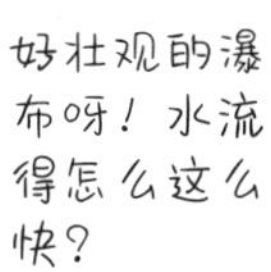

好壮观的瀑布呀！水流得怎么这么快？

重力会让地球上的物体下落得越来越快。

小心！水会起到润滑作用，减小路面与鞋底的摩擦力。
哎呀！

你知道吗？

空气阻力就是物体在空气中运动时产生的阻力。物体运动得越快，受到的空气阻力就越大。为了减小空气阻力，人们将一些物体设计成流线型，如子弹、跑车、飞机、火箭等，它们都拥有尖尖的头部、平缓的身体曲线以及特殊形状的尾部，这样可以使气流更顺畅地流过它们的表面，帮助它们更快、更高效地运动。

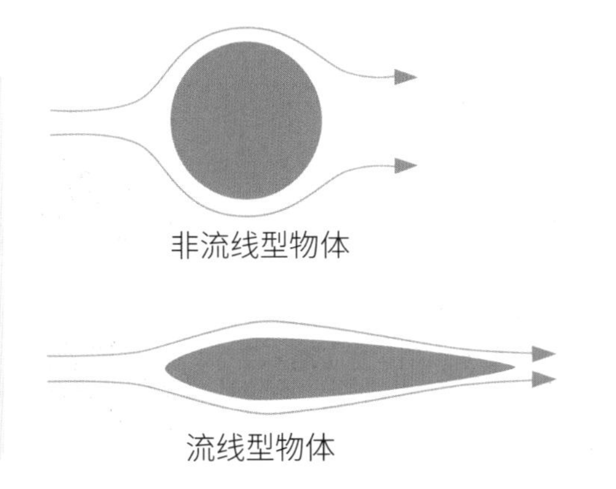

为什么一根棍子可以撬动巨石？

什么是杠杆？

一块巨石非常重，双手很难直接抬起它。如果在靠近巨石的地方放上一块小石头作为支点，再用木棍支在巨石下作为杠杆，只需要在木棍的另一端施加一个合适的力，就能轻松地把巨石撬动啦！杠杆是一种简单机械，通过使用杠杆可以达到放大或缩小力的效果。杠杆上主动力作用点称“施力点”，固定点称“支点”，被克服的阻力（如重力）作用点称“阻力点”。支点到主动力作用线的垂直距离称“动力臂”，支点到阻力作用线的垂直距离称“阻力臂”。

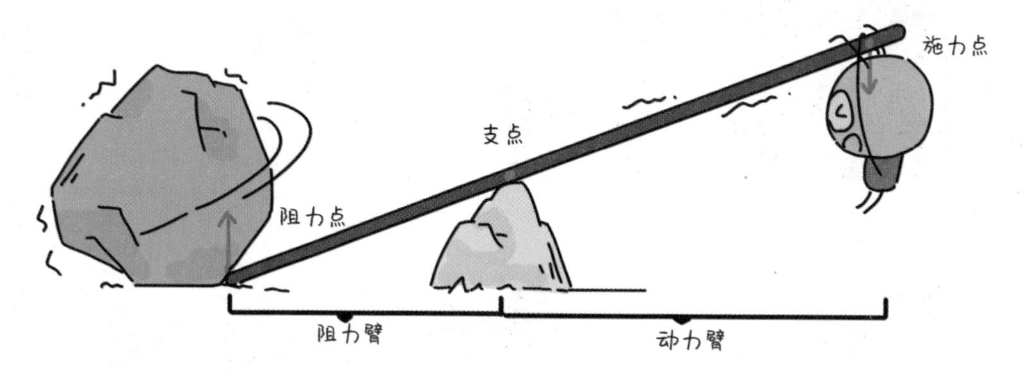

三种类型的杠杆

1. 等臂杠杆的支点在动力和阻力的正中间，比如跷跷板、天平等。

2. 省力杠杆的支点离阻力的作用点更近，比如拉杆行李箱、撬棍等。

3. 费力杠杆的支点离动力的作用点更近，例如钓鱼竿、筷子、镊子等。

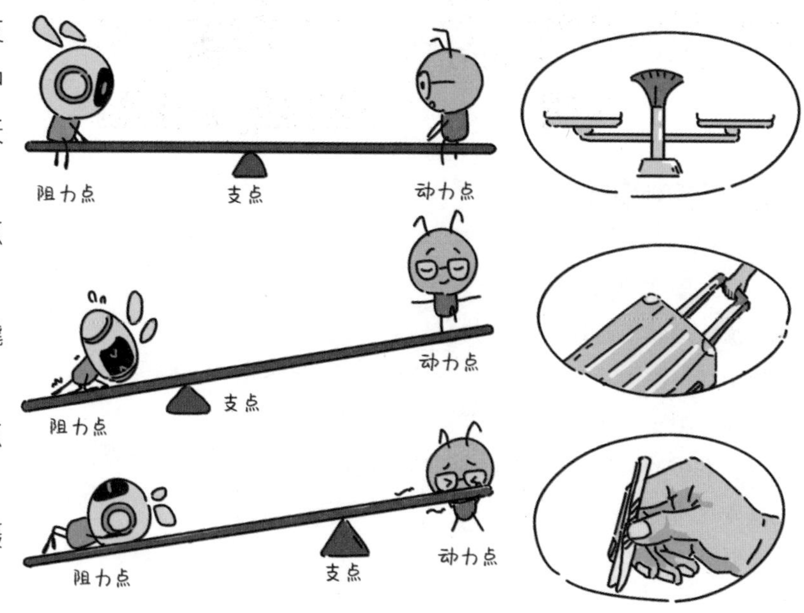

圆形的杠杆

世界上最早的轮子也许在 8000 年前就已经出现了。轮子是圆形的杠杆，它周边有凹槽，会绕着中心的轴旋转，其支点就是轴，而力围绕着轴移动。滑轮也是一种简单的机械，可以将力的效果放大，并在我们的生活中被广泛使用。轴固定不动的，称为定滑轮，它可以改变用力方向，但不省力；轴会随着被吊物体一起移动的，称为动滑轮，它可以省力，但不改变用力方向；将多个滑轮放在一起使用，称为滑轮组。

滑轮组必须包含定滑轮和动滑轮两种。

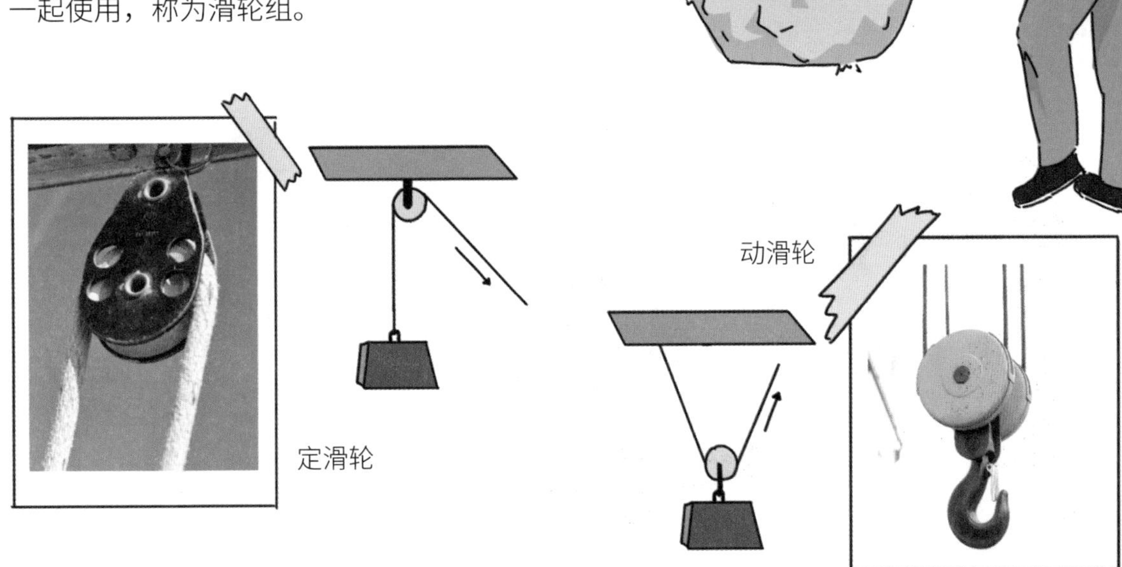

你知道吗？

在物理学中，杠杆是在力的作用下能绕杆上一固定点转动的直杆或曲杆。我们的身体上也存在杠杆，比如手臂。人的手臂绕肘关节转动，可以看成是由肌肉和手臂骨骼组成的杠杆在转动，其中肘关节是支点，肱二头肌肉所用的力是动力，手拿的重物的重力是阻力。人的前臂曲肘时，属于动力臂小于阻力臂的杠杆，是费力杠杆。

为什么搓手会感到暖和？

但柴火还没被点着……

我觉得我的手要着火了！

无处不在的摩擦力

当两个物体相互摩擦时，在它们的接触面上会产生摩擦力，这种力会阻碍物体的移动。两物体的接触面越粗糙，摩擦力越大；反之，接触面越光滑，摩擦力越小。如果没有摩擦力，我们的生活将变得一团糟：蜡笔无法在纸上留下颜色，人们无法在地面上行走，爬墙虎、葡萄等藤本植物会从墙上或架子上直接掉下来，自行车的刹车会失灵，汽车也无法启动……总之，摩擦力无时无刻不在支撑着我们的生活。

光滑的冰面没有摩擦力？

光滑的冰面也有摩擦力，因为有摩擦力的存在，如果没有外力不断地作用在冰橇上，来补充失去的能量，那么随着时间的推移，冰橇在移动过程中会逐渐减慢自己的运动速度，并最终停下来。

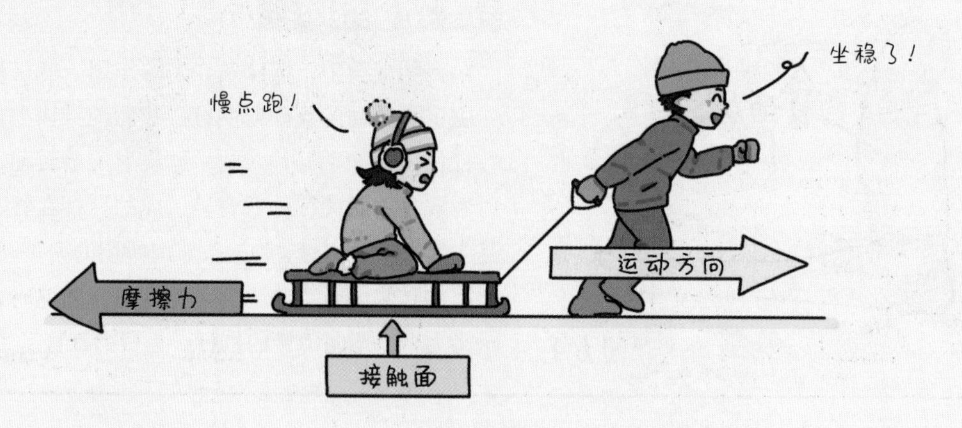

摩擦生热

感到冷的时候，很多人会通过搓手来温暖自己，这实际上是利用了摩擦生热的原理。在物体相对运动的过程中，一部分机械能（动能）被转化为内能（热能）。当我们穿着滑冰鞋滑冰时，冰刀与冰面发生摩擦，产生的热量会使冰面表层的一小部分冰融化成水，水又成了润滑剂，能帮助我们更顺畅、更轻松地滑行。值得一提的是，因为一级方程式赛车的车速非常快，所以为了保证赛车手能安全地减速和停车，其用来刹车的制动盘可以耐受 1200°C的高温哦！

搓一搓，暖和多了！

你知道吗？

在冬季奥运会中，有一项传统的冰上运动叫作冰壶。比赛时，每局比赛中，双方轮流投掷冰壶，一人推动冰壶，其他队员可以在冰壶滑行过程中用刷子快速扫冰。与滑冰鞋的冰刀一样，刷毛很硬的刷子与冰面发生摩擦后也会形成一层水膜，而运动员可以通过改变刷冰的速度和强度，去改变水膜形成的位置和厚度，从而控制冰壶的移动速度和行进方向。

冲啊，再刷得快一点儿！

越"胖"的物体，越有吸引力？

趁现在赶快动脑子，说不定你也能成为改变世界的物理学家！
呜呜呜，好痛，我被苹果砸了……

什么是万有引力？

无论我们用多大的力气向天空抛一颗小石子，小石子总是会落回地面，而不是向天空中飞去，这是为什么呢？这是因为宇宙中存在一种神秘的力量——万有引力，宇宙中的一切都逃不出它的掌控。万有引力就是宇宙中两物体之间由于物体具有质量而产生的相互吸引的力。我们能稳稳地待在地球上，而不是飘在空中，就是因为它的存在。地球表面及附近的物体所受到的地球引力被称为重力。不过，重力并不总等于万有引力，因为地面上的物体要想随着地球一起转动，还需要一个指向地轴的向心力。

太阳系中，各行星之间的引力作用处在平衡状态。
正因如此，我才会既不飞向太空，也不会撞到太阳。
我不仅受地球吸引，太阳也会吸引我哦！

什么是质量？

质量是度量物体惯性大小和引力作用强弱的物理量，其基本单位是千克，符号是 kg。容易与其混淆的是重量，重量度量的是物体所受重力的大小。那么，它们二者究竟有什么不同呢？质量是一个标量，它不会随位置、形状或状态的变化而变化，比如一个人在地球上或者月球上的质量是不变的；重量则是一个矢量，会随着物体所处位置的不同而发生变化，比如同一物体在月球上的重量约为在地球上的六分之一。

哇，我这是减肥成功了！
你这是在作弊呀，兄弟！

为什么地球不飞向小石子呢？

既然小石子和地球之间存在着万有引力，那为什么是抛出去的小石子被地球吸引着落回地面，而不是地球被小石子吸引着移动呢？根据牛顿提出的万有引力定律，两个物体间引力的大小和它们的质量乘积成正比，与它们之间距离的二次方成反比。也就是说，两个物体的质量越大，距离越近，引力就会越大。虽然地球和小石子相互吸引，但因为地球质量大，惯性大，运动状态难以被改变，所以只能是小石子飞向地球，让二者变“亲近”啦。

在同一地点，质量大的物体都比质量小的物体引力大！

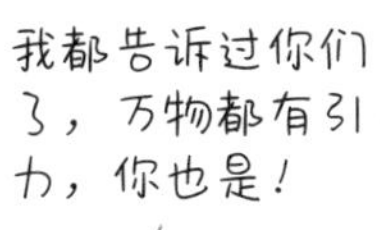

我都告诉过你们了，万物都有引力，你也是！

你知道吗？

1781 年，英国天文学家威廉·赫歇尔通过望远镜发现了天王星。但是，根据已有的理论计算，天王星的轨道出现了显著的偏差，有些天文学家立刻敏锐地意识到——也许有颗未知的天体吸引了天王星。于是，他们经过大量计算得到了这颗未知天体的位置，并用望远镜进行搜索。1846 年 9 月 23 日，人类终于第一次观测到了海王星，它也因此被称为“笔尖下发现的行星”。

磁悬浮列车为什么能“浮”起来？

磁是什么？

磁力是自然界本来就存在的一种力，它可以“拉近”或者“推远”某些物质。磁体就是具有磁力的物体。常见的磁体有条形磁铁、U 形磁铁、小磁针等。磁体上不同的区域磁性不同，磁性最强的两端叫作磁极。任何磁体都有两个磁极，分别为北极（N）和南极（S）。同性的磁极相互排斥，异性的磁极相互吸引。磁场则是磁体周围空间存在着磁力作用的一种特殊的场，具有方向性和强弱之分。

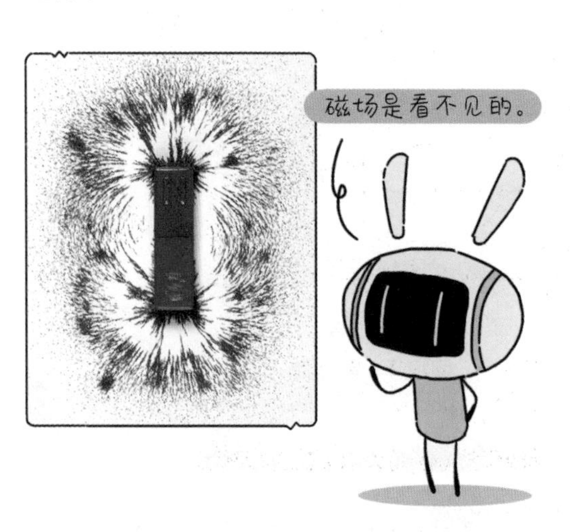

磁场是看不见的。

N
S
离磁体的两极越近，磁场越强。

“飞起来”的磁悬浮列车

磁悬浮列车能够悬浮在空中，就是利用了磁极间相互作用的原理。截至 2024 年，磁悬浮列车的最快时速可以达到 603 千米，而它的速度之所以可以这么快，是因为它行驶时不需要像其他列车一样接触轨道，而是悬浮在空中，这样它受到的摩擦力就会减小很多。值得一提的是，我国上海市拥有世界上第一条商业运营的高速磁悬浮交通线路。

在我国上海市穿行的磁悬浮列车

磁的应用

冰箱

当我们打开冰箱门时会感觉到轻微的吸力，这是因为冰箱门的密封条里放有磁铁。这些磁铁可以帮助冰箱门和冰箱体更好地密封在一起，防止冷气流失。

核磁共振成像

核磁共振成像是一种常见的医学影像检查，它对人体几乎没有伤害。核磁共振仪可以利用强磁场和射频波来扫描和分析人体内部结构，生成详细的图像供医生诊断。

电磁起重器

电磁起重器常在工业领域中被用来搬运钢铁等重型材料。它是利用电生磁的原理来工作的。通电时，电磁起重器可以根据电流的大小产生不同的磁性，吸引钢铁类的重物。

任何东西都有磁性吗？

当然不，比如我们手中的铅笔还有橡皮就没有。

你知道吗？

地球其实是个巨大的磁体，它周围也有个磁场，我们叫它地磁场。更有趣的是，地磁场的两极和我们地图上的两极是相反的：地磁场的北极在地理南极附近，地磁场的南极则在地理北极附近。你知道吗？那些在天空中飞翔的鸽子，它们能够找到回家的路，就是靠神奇的地磁场来导航的！

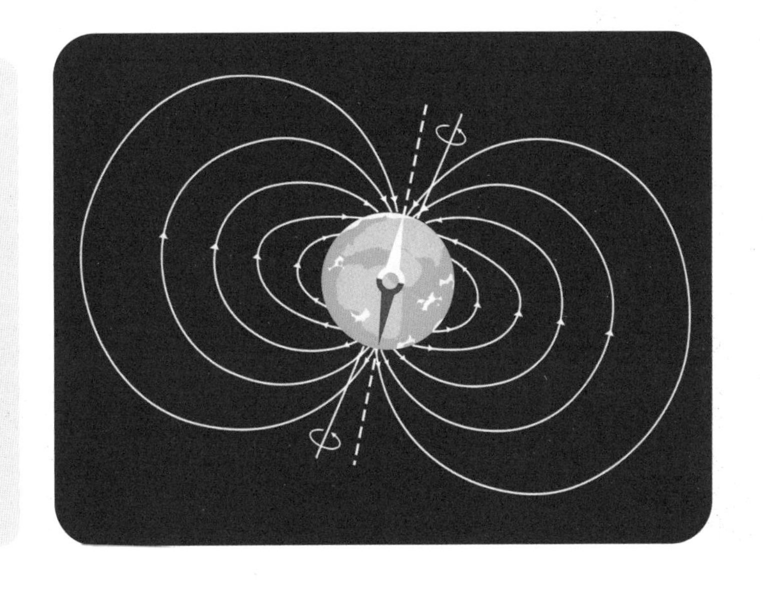

为什么坐车要系安全带？

哇哦！“惯性”让我动起来了！
我推！
惯性

生活中的惯性

坐在车里，车启动时，我们的身体会向后倒；刹车时，身体会向前倾；左转时，身体会向右靠……车辆行驶时，为什么我们会在车里左摇右晃，“坐不稳”呢？这是由于惯性的存在。根据惯性定律，在完全没有受到外力作用时，物体会保持原来的运动状态不变，即保持静止或做匀速直线运动。惯性的大小只与物体的质量有关。质量越大，惯性越大，物体的运动状态越难改变；质量越小，惯性就会越小，物体的运动状态也越容易改变。

让飞镖再飞一会儿

惯性是物体的固有属性，它代表物体运动状态改变的难易程度。我们可以将惯性看作物体为了阻止自己的运动状态发生改变而做的抗衡。它是一直随着物体存在的，不会随着力的变化而发生改变或消失。比如，投出去的飞镖由于惯性还是会继续向前运动，射出去的箭矢同理。没有惯性，“草船借箭”也就不会发生了。

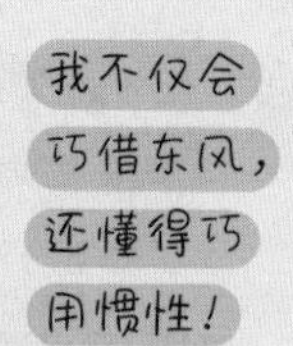
我不仅会
巧借东风，
还懂得巧
用惯性！

坐车要系安全带

汽车行驶时，乘客的身体随着汽车一起前行。刹车时，乘客的下半身会随着汽车停止前行，但上半身由于惯性，仍保持着向前行的运动状态，导致乘客无法控制地前倾，甚至飞出去。这也就是为什么我们乘车时需要系紧安全带。安全带可以阻挡刹车时我们由于惯性而向前倾的身体，将我们固定在座椅上，避免身体发生磕碰或被甩出车窗外。

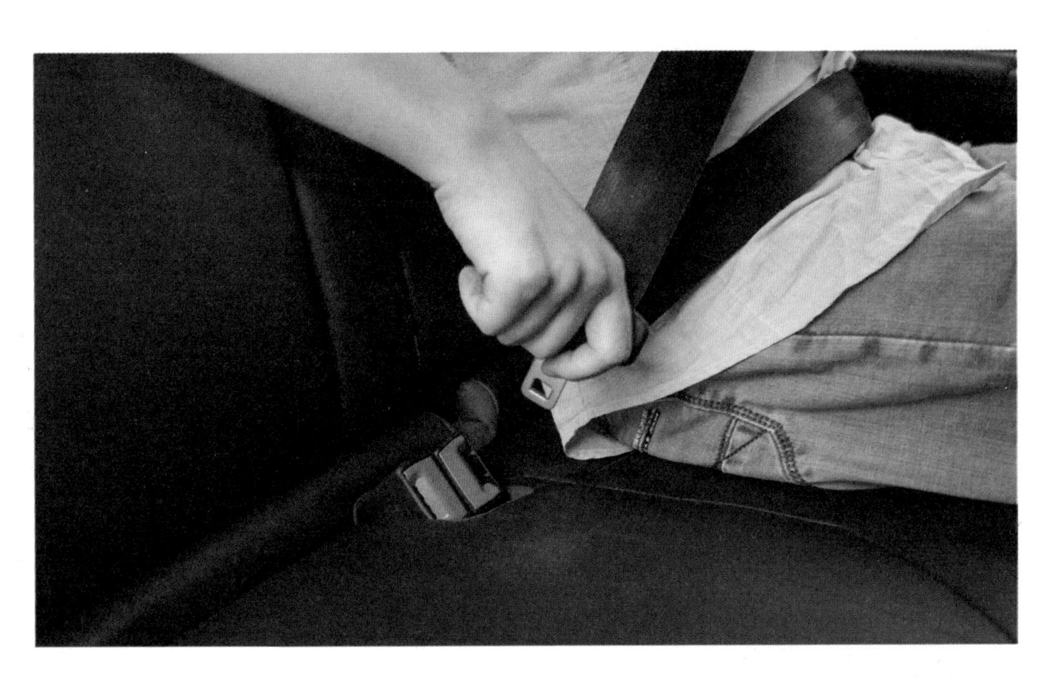

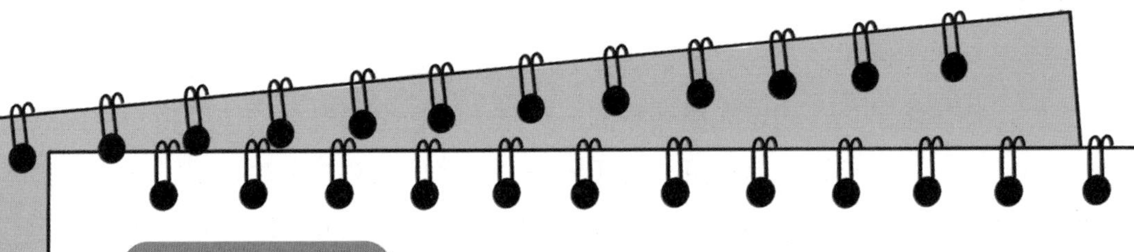

你知道吗？

只要有外力作用，物体就一定会运动吗？让我们想想拔河的时候，势均力敌的双方都在用力地向后拉，然而绳子上的红标却丝毫不动。实际上，当一个物体所受的多个力达到平衡时，就会出现这种看似一动也不动的情况。

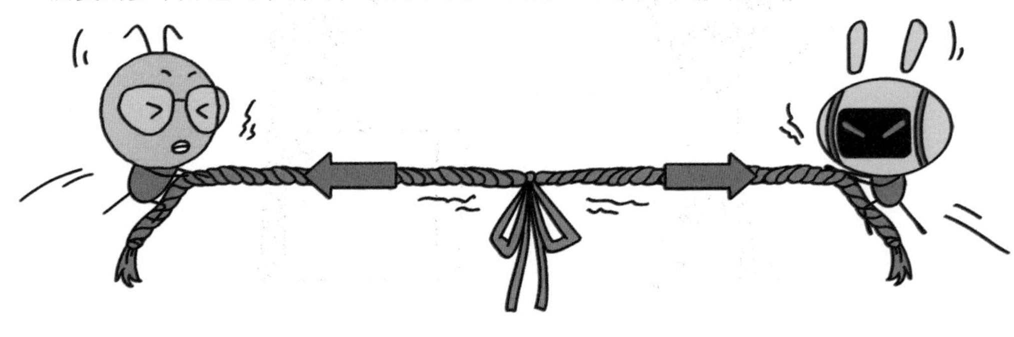

我们如何“拿捏”能量？

只有一直添柴，我们才能用火堆取暖。
所以……你再去找点儿柴火吧！

认识一下能量吧！

能量有多种形式，包括热能、电能、核能、光能、潮汐能等。它既不会凭空产生，也不会凭空消失，只会从一种形式转化为另一种形式，或者从一个物体转移到其他物体，但总量是保持不变的。举个例子，在寒冷的冬天，打开通电的电暖器后，它可以将电能转化为热能来温暖我们，但要是我们拔掉了它的插头，切断了电源，它就会逐渐变凉。不过，能量可以被存储在各种介质中，比如电池、煤炭、石油、太阳甚至人体等，以备将来使用。

我们这个月的电费已经超出预算了！
不要啊！没有电风扇，夏天就快乐不起来了！

做功与能量

世界万物都在不停地运动。当一个物体在力的作用下沿着力的方向产生了位移时，我们就说这个力对物体做了功。功是能量转移的一种方式，它是通过力的作用将一种形式的能量转化为另一种形式的能量。这也意味着如果一个物体可以对外做功，那它一定具有能量可以传递。而我们常说的“功率”，表示的是做功的快慢，功率大的电器通常指的是那些消耗电能较快或能够在短时间内完成大量工作的电器。

我做功了！

我虽然努力了，但没有做功！

为什么造不出永动机？

生活中，人们常常利用各种机械来完成工作或达到省力目的，但是这些机械的使用需要电力等能源。如果让一只小蜜蜂不停地采蜂蜜，而不让它吃饭补充能量，那么它就会浑身乏力，甚至饿晕过去。这是因为蜜蜂体内储存的能量被消耗完了。机械做工也是同样的道理。如果只让机械不停地运转，而不从外部补充能量，那么当它储存的能量被耗光时，就会停止运作。

要是你能不吃饭，只干活，
我们今天就能把活儿干完！

各种各样的发电厂

发电是将热能、水能、风能、太阳能、地热能、潮汐能和生物质能等不同形式的能量转换为电能的过程。例如，热能发电通过燃烧化石燃料或核能产生蒸汽，驱动涡轮机；水力发电利用水流转动水轮机；风力发电通过风力涡轮机捕捉风能；太阳能发电则通过太阳能电池板直接将光能转换为电能；地热发电利用地球内部的热能；潮汐能发电利用海水的涨落，而生物质能发电则通过燃烧有机物质。随着对环境和可持续发展的重视，清洁能源如太阳能、风能和水力发电正变得越来越重要，这有助于减少温室气体排放，推动能源结构向绿色转型。

“新能源”是什么样的能源？

为什么要建这么多大风车？为了美化环境？
为了发电！

为什么要开发新能源？

什么是能源？就是能够转换成电、热、光、动力等的自然资源。我们生活中已经大规模生产和利用的能源，又被叫作传统能源或常规能源，比如煤炭、石油和天然气等，它们大多不可再生，用一次就会少一点儿，用完就没有了。另外，一些传统能源的使用会破坏环境，比如煤炭燃烧时会污染空气，开采石油时可能会污染大海。因此，为了应对能源危机、保护自然环境，近些年来科学家将目光投向了新能源的开发与利用。

都怪你们，我最畅销的草莓味空气都卖不出去了！
嗯……

知识加油站

随着科学技术的进步，一些在过去被认为是垃圾的东西，也作为新能源被重视起来。比如制糖后剩下的甘蔗渣，以及剥光玉米粒的玉米芯，都含有丰富的生物质能，可以用来生产生物燃料。

再加把劲儿，燃料不够烧了！

新能源是什么能源？

新能源指的是近年才开始利用或过去已有利用而现在又有新的利用方式的能源。除了我们熟悉的风能、太阳能、核能外，还有生物质能、地热能、海洋能、潮汐能、氢能等也都属于新能源。

新能源有哪些优缺点？

新能源关乎着全人类的生存与发展。

一方面，新能源资源丰富，分布广泛，使用时不会产生过多的温室气体以及污染物，较为环保，并且可以再生，能供人类长久使用。

另一方面，目前新能源技术还处于快速发展阶段，需要人们投入大量的资金用于研究、实验和推广，这意味着不是所有国家都具备足够的实力和决心，愿意用新能源替代传统能源。

火力发电会造成环境污染，让空气不再新鲜……但想要改变现状太难了！
换成用风能或者太阳能发电，怎么样？

你知道吗？

月壤中含有丰富的氦 -3，而 100 吨氦 -3 核聚变产生的能量可供应全球使用 1 年。发挥你的想象力，想一想人类在未来可以利用月壤去做什么事。

水为什么能变来变去？

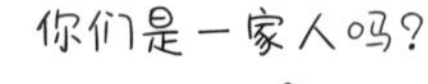

我们都是水！

你们是一家人吗？

物质的状态

我们的生活中到处都有水，口渴时喝的是水，下雨时落下的是水，汤锅沸腾时飘出来的白雾是水，冬天飘落的雪花也是水……水为什么能以这么多的形式存在呢？这是因为水是地球上最常见的一种物质，也是一种能在大自然中以固态、液态或气态存在的物质。

固态的物质是固体。它具有比较固定的体积和形状，质地很坚硬，分子间距最小。

液态的物质是液体。它可以自由运动，没有固定的形状，用什么形状的容器装它，它就会变成什么形状，但它具有固定体积。

气态的物质是气体。它也可以自由运动，它不仅没有固定的形状，也没有固定的体积。它的分子间距最大。

我冰凉凉的小脚一下子就暖和了！

热能与温度有关系

为什么水会改变状态？答案是能量。能量看不见也摸不着，但它可以让物体运动或者改变物体的状态，并以多种形式存在，比如动能、核能、热能、光能、电能等。让我们想象一下，每个物体内部都有一个水池，而热能就是池中装着的“水”，水池越大、越满，物体的温度就越高；反之，水池越小、越空，物体的温度就越低。

变来变去，变来变去

热能可以在不同物体之间相互传递，并总是自发地从高温物体向低温物体传递。而热量代表的就是那些因温度差而传递出去的能量。水的三态变化是指，水在固态（冰）、液态（水）和气态（水蒸气）之间的转化，这中间自然离不开热量的交换。

怪不得叫“熔岩”！
熔岩，意思是熔化的岩石。

从液态转化为固态的过程叫作凝固，会释放热量，比如河流结冰。

从气态转化为液态的过程叫作液化，会释放热量，比如起雾。

从气态转化为固态的过程叫作凝华，会释放热量，比如下霜。

从液态转化为气态的过程叫作汽化，会吸收热量，比如水烧开后会冒“烟”；

从固态转化为液态的过程叫作熔化，会吸收热量，比如蜡烛点燃后会流“泪”；

从固态转化为气态的过程叫作升华，会吸收热量，比如干冰可以用来制造“仙气”飘飘的舞台效果。

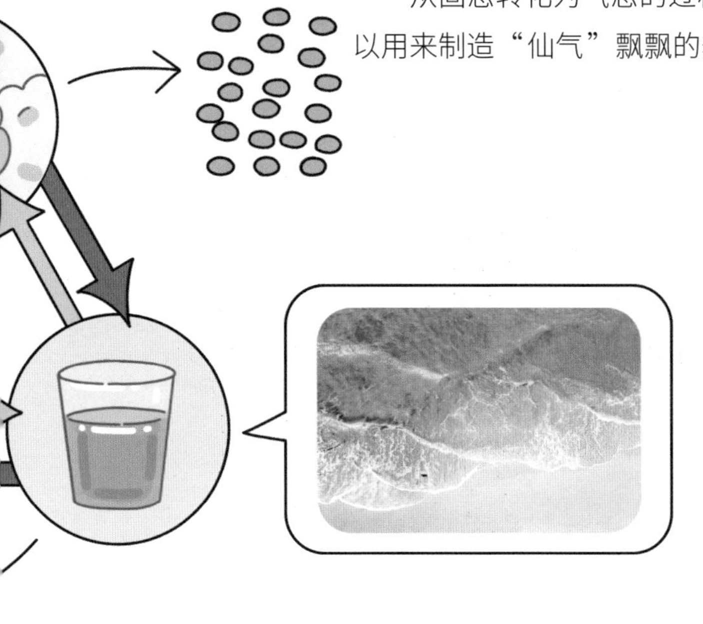

你知道吗？

在寒冷的天气里，空气中的水汽会凝华成乳白色的冰晶，并附着在树枝、电线等物体表面，形成一层看起来毛茸茸却质地松脆的“壳”，也就是雾凇（sōng）。这种美丽的自然现象通常只出现在温度非常低且湿度很高的环境里。

雾凇不仅会出现在树枝上？
是的，它还可能会出现在你想不到的地方……

生活中的热胀冷缩现象

我的可乐喝不了了！

冻成冰的可乐把
瓶子撑爆了？

为什么温度计的示数会变化？

温度计的示数会随着周围环境温度的变化而变化，这是因为温度计玻璃管内的液体发生了热胀冷缩的现象。热胀冷缩指的是，在通常情况下，物体温度升高时，其体积会变大；物体温度降低时，其体积会变小。除了体积变化，物体的密度也会受到温度的影响。密度是物质的质量与它的体积之比。也就是说，同一物体体积越大，密度就越小；体积越小，密度就越大。

更多的热胀冷缩现象

铁道工人施工时，会在两段铁轨之间的连接处留有一段空隙，这是为了防止夏天温度过高时，铁轨会受热发生膨胀，导致轨道位置偏移，从而影响列车运行；桥梁设计中也会预留伸缩缝，以适应材料因温度变化而发生的膨胀和收缩；蒸馒头时，小小的面团在发酵和受热后会变大；做饭时，滚烫的汤汁会顶开锅盖，从锅中溢出；人体在不同温度下也会发生微小的体积变化，但通常不易察觉……

为什么要给水管穿“衣服”？

到了冬天，有些地方的人会用海绵把裸露在外的水管包裹得严严实实，这是因为天气转冷、气温降至 0°C以下后，水管遇冷收缩，而水管中的水可能会被冻成冰，体积变大，从而导致水管被撑爆。大多数物质都具有热胀冷缩的性质，但也存在一些例外，比如水在 4°C 以上会热胀冷缩，而在低于 4°C 时则会发生热缩冷胀。

看，给水管裹上“棉袄”了！
这下可好了，今年冬天不用“治水”了！

你知道吗？

空气也会热胀冷缩。热空气上升，冷空气下降，这种流动被称为对流。当走马灯内的蜡烛或其他热源被点燃时，它会加热周围的空气。由于热空气比冷空气轻，热空气会上升，并通过上面的叶片带动轮轴旋转起来。当轮轴旋转时，上面悬挂着的图片也会跟着走动，让投射在灯罩上的影子看起来就像连续移动的图像。

家庭小实验

需要准备的材料：热水、冷水、气球、瓶子

1. 将气球套在瓶子上。
2. 将瓶子放入热水中浸泡，过一会儿，你就会发现气球竟然膨胀起来了！
3. 然后，将瓶子放入冷水中，过了一会儿，气球又瘪了下去。

为什么会出现虹吸现象？

哇，你哪里来的“神器”？

就是一根普通水管而已，真正发挥作用的是气体分子！

大气“摁住”了我们

空气是一种看不见、摸不着的物质，但它时时刻刻影响着人类。我们生活的地球被一层厚厚的空气所包围，这层空气被称为大气。大气是有质量的，它受到地球的吸引，时刻压向地球上的一切物质，无论是人类、动物和植物，还是墙壁、椅子、桌子。大气作用在单位面积上的压力，被称为大气压。越往高处走，空气越稀薄，大气压就越小。因此，在攀爬高山时，登山者一般都需要随身准备氧气瓶以防止缺氧；一些需要保持高空飞行的飞机，还设有专门的增压舱，以保证乘客可以正常呼吸。

什么是压强？

在重力的作用下，液体内部朝各个方向都产生了压强。液体的表面因为直接接触空气，受到的压强等于大气压。液体内部的压强则随着液体深度的增加而增加，可以理解为液体对内部某处的压力等于这部分以上的液体所受的重力。我们把物体单位面积上受到的压力叫压强，它常用来表示压力的作用效果。

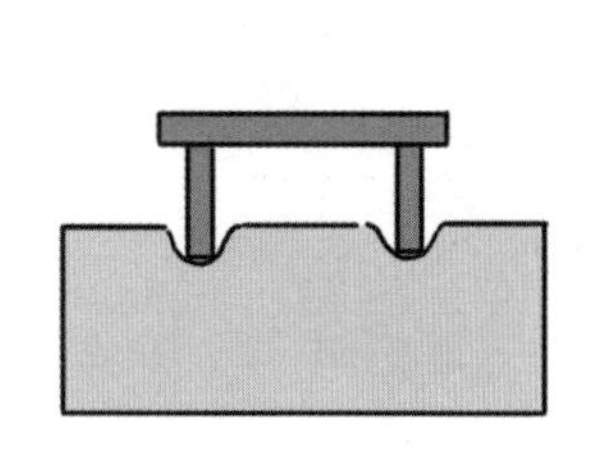

神奇的虹吸现象

在压强差和重力的作用下，处于较高位置的水可以沿着水管先上升再向下流，我们把这种现象叫虹吸现象。引起虹吸现象发生的管叫虹吸管。发生虹吸现象是由于液柱高低不同造成了压强差，液体会从压强大的一侧流向另一侧，而另一侧的水又会在重力的作用下从高处往下流，当两边容器内的水面变成相等高度时，压力相等，水就会停止流动。

虹吸原理的应用

古人很早就将虹吸现象应用在生活中了。比如利用虹吸原理制作的虹吸管，在古代被称为注子、渴乌或过山龙，人们常在一些河床高于地面的区域用它来进行农田的灌溉。到了现代，越来越多的家庭用上了虹吸式抽水马桶，与早期使用的直冲式马桶相比，虹吸式马桶噪声更小、冲洗更干净。

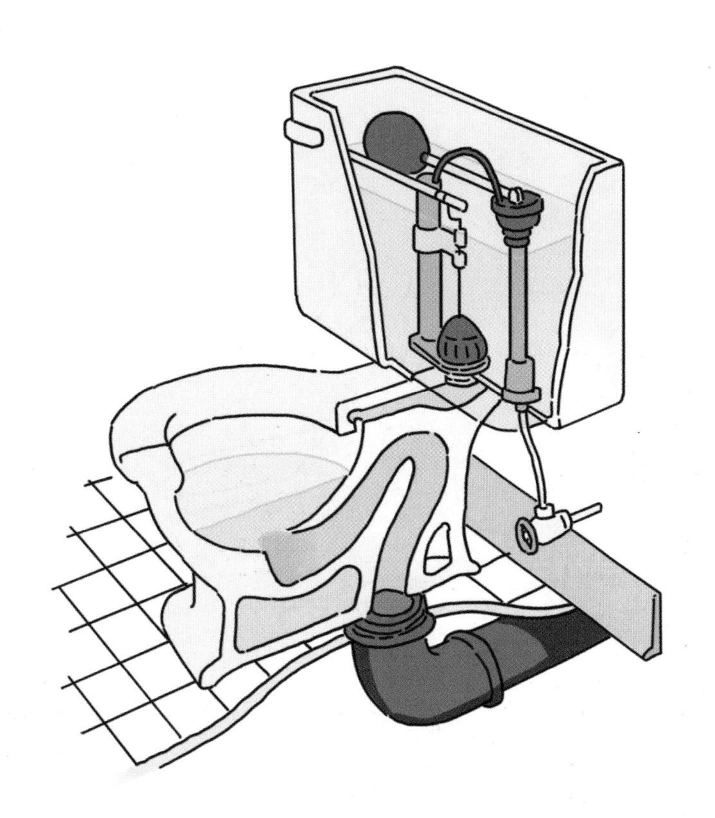

你知道吗？

相传，明太祖朱元璋在宴请开国功臣时，让他们根据自己功劳的多寡来决定斟酒的多少。当时有一位将领自恃功高又贪杯，就把酒斟满。谁知他刚把酒杯端起来，酒就全部漏光了。而其他人的杯中，只要酒不斟满，都装着美酒。朱元璋以此警示在场的各位官员“谦受益，满招损”。这种酒具以后就被叫作“公道杯”。

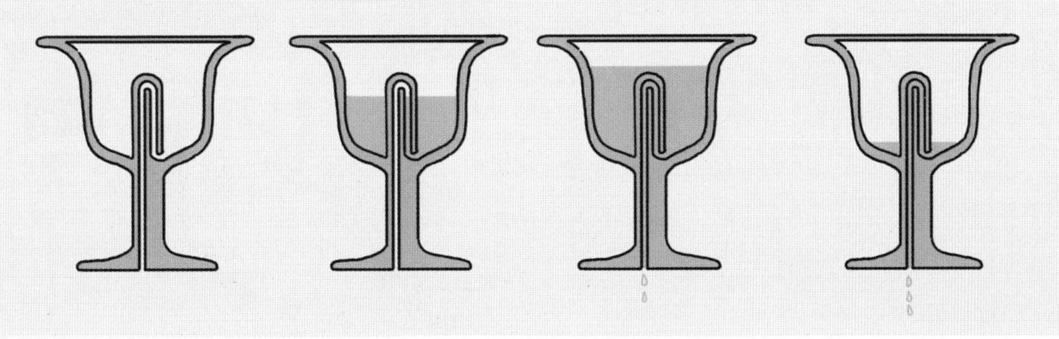

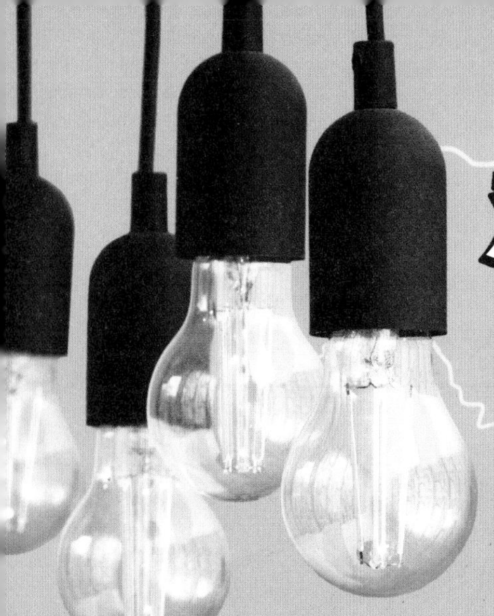

欢迎来到电的世界

没有电，什么都干不了。

电视、电话都变成了“砖头”！

电发挥着大作用

相信你也深有感触，看电视、玩手机是日常生活中再平常不过的事情，但如果没有电的话，电视与手机就成了一点用途也没有的“摆设”。事实上，没有电，现代文明的许多方面都将无法正常运作。今天，电已经是现代生活中不可或缺的一部分，照明、供暖、交通、工业、医疗……似乎哪个领域都有它在发挥作用。并且，随着社会的进步、科技的发展，人类对电力的需求还在不断增长。

导体和绝缘体

电子是一种非常小、非常轻的粒子，它们存在于地球上的所有物质当中，并且可以在某些材料里面自由地移动。电子有一个特别的地方，那就是它们带有负电荷。当电子跑动起来时，就会形成我们所说的电流。有些材料中的电子更容易传递，这些材料被称为导体，比如大部分金属以及我们的身体；有些材料中的电子不容易传递，这些材料被称为绝缘体，比如木头、橡胶和塑料。

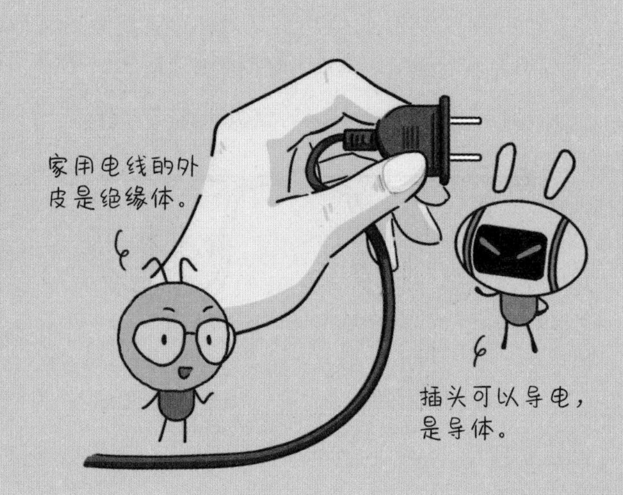

家用电线的外皮是绝缘体。
插头可以导电，是导体。

为什么会被门把手电到？

你触摸金属门把手的时候，有没有被电到过？这是因为电子的聚集会产生静电。人体作为导体，是可以携带电子的，当我们触摸同为导体的金属门把手时，集聚在我们身体里的电子会争先恐后地“跑”向门把手，使我们因为其流动而产生麻痹、犹如针扎的感觉。同时，这个过程可能伴随火花光亮，以及轻微的噼啪声。另外，虽然当时我们会有明显的痛感，但静电实际上很难伤害到我们。

串联和并联

让电子稳定地流动起来，才会产生源源不断的电流。我们可以把电路想象成一个环形水渠，电流则是按同一方向流淌在里面的水；电源则是水渠的源头，它不断往水渠中加水，推动水渠中的水从一个地方流向另一个地方；开关相当于水渠的闸门，它可以决定是否让水流动起来；至于导线和用电器，前者是水渠的渠道，后者是建在水渠上的水磨坊，需要依靠电流运转。电路可分为串联、并联两种形式：串联电路好比一串项链，不管中间哪一处断了，整体就坏了；并联电路则像几个人肩并肩走成一排，即使有个人掉队了，也不会影响到别人。

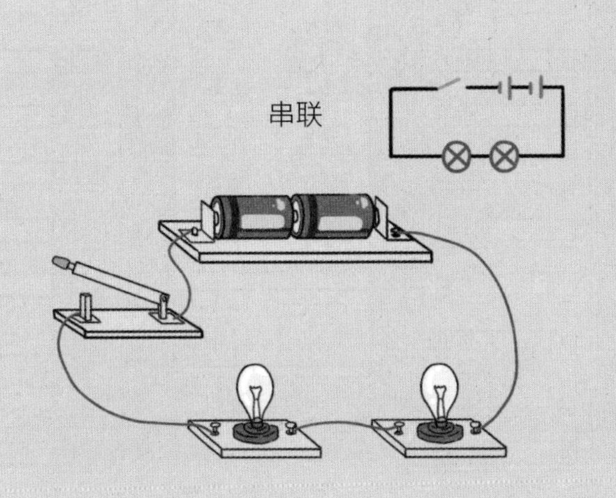

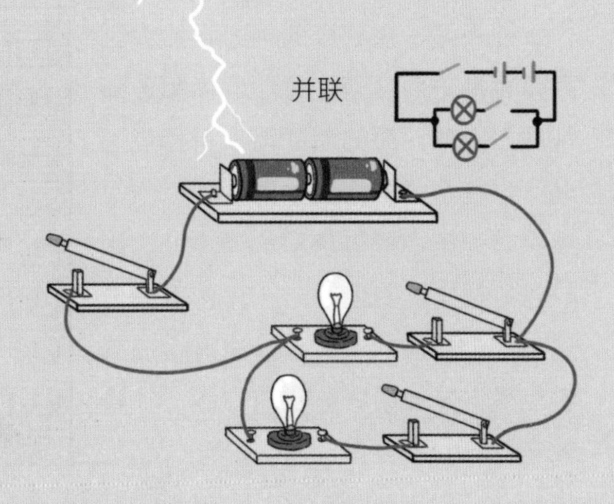

为什么有些路口的风特别大？

这条路口的“妖风”太大了……
抓紧！别被吹飞了！

风是怎样流动起来的？

从本质上来说，风就是流动的空气，它不仅影响着我们的日常生活，还在地球的大气循环中扮演着重要角色。太阳辐射在地球表面的分布是不均匀的，赤道地区接收到的太阳辐射最多，两极地区接收到的太阳辐射较少，导致大气中产生压力差，空气从高压区流向低压区，从而形成了风。

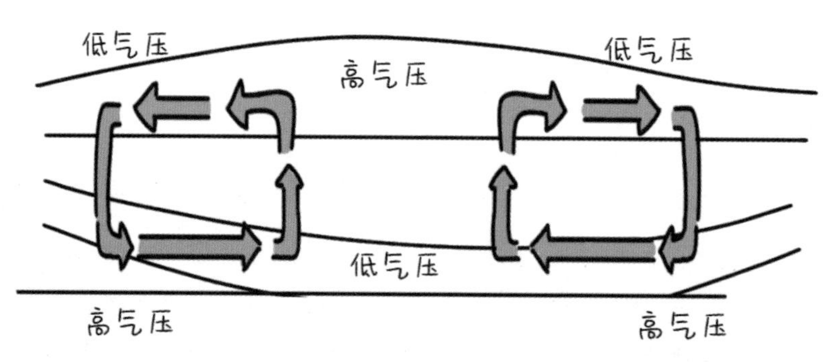

突然变猛烈的风

叠一只小纸船放在小溪中，会发现小船在宽阔的地方漂得慢，在狭窄的地方漂得快。这是因为在宽阔的地方水流平缓，在狭窄的地方水流会因为争相前进而变得湍急。气体和液体都属于流体，风的流动与水有相似之处。当在开阔地带流动的大量空气，突然被迫集中通过狭窄的通道，比如峡谷、桥梁、隧道等时，其速度会显著增加，并且通道越窄，速度增加得越明显。这种现象被我们称作“狭管效应”。

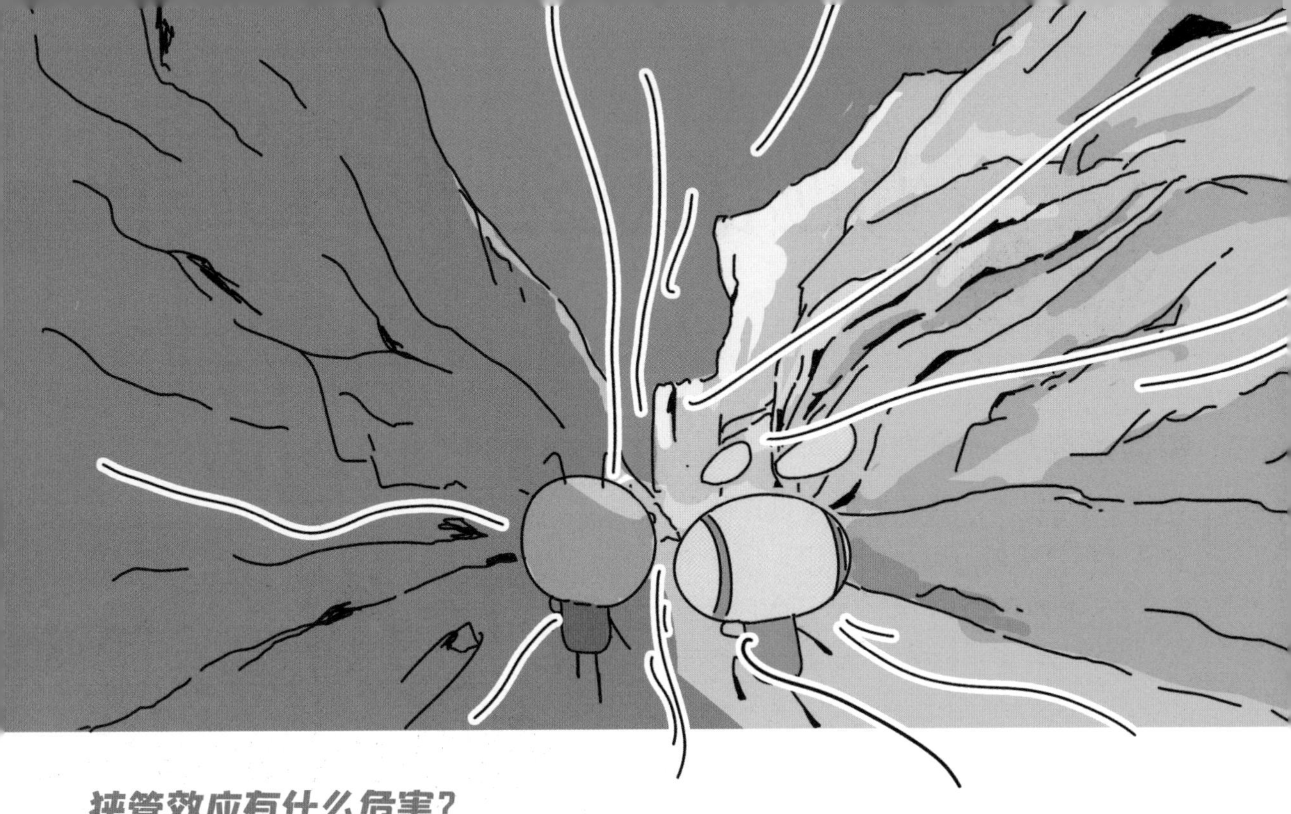

狭管效应有什么危害？

狭管效应又称峡谷效应，因为峡谷两侧的山壁限制了风的流动，迫使风加速通过，形成了势头强劲的狂风，所以当列车由平原驶入峡谷时，会出现车身摇晃甚至被掀翻的情况。在城市中，高楼林立，如果细心观察的话，就会发现一些路口的广告牌被大风吹得摇摇欲坠。这是因为当风进入城市高楼区时，高楼之间形成的狭窄通道也会阻碍风的通行，导致大风吹倒行人、掀翻汽车，给人们的生活带来安全隐患。科学家通过实验发现，平地 3 至 4 级风通过“狭管效应”可被放大至 10 级以上。

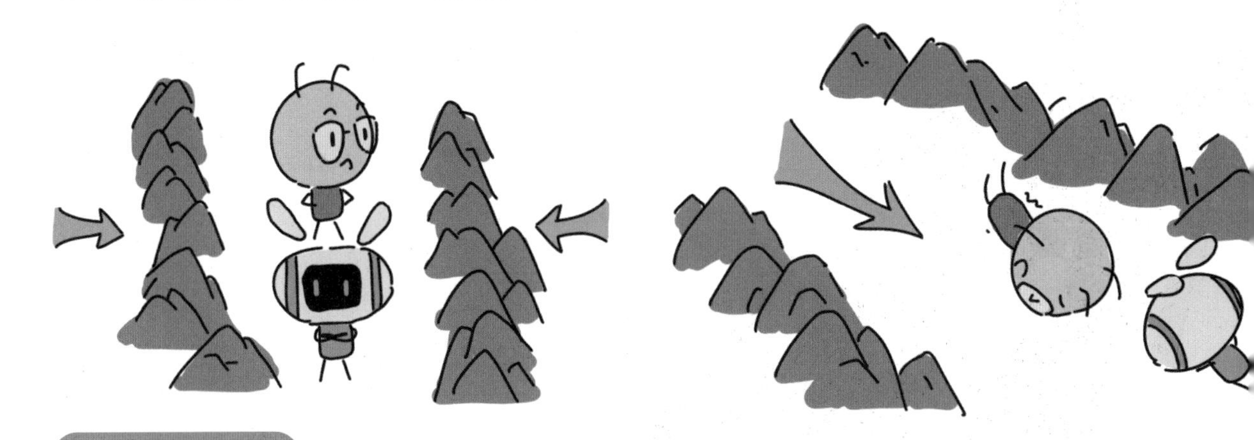

你知道吗？

并不是所有峡谷或者狭窄的地方都会出现“狭管效应”。建筑数量越多、间距越近、体积越大，“峡谷风”就越容易形成。但当风向和道路走向明显不一致时，风就会被道路两旁的建筑阻挡，也就不容易形成“峡谷风”啦！

真的有人能抓住子弹吗?

我动了吗?
对我来说，你没动。

物体都在运动吗?

在物理学中，我们把物体位置随时间的变化称为机械运动。街上的人们来来往往、火车和汽车行驶向前、大江大河奔流不息……这些都属于机械运动。运动是宇宙中最普遍的现象，除了机械运动，还有分子和原子的运动、生命运动等。宇宙中的一切物体每时每刻都在不停地运动，所以不存在绝对静止的物体。那我们平常所说的“静止不动”是错误的吗?地球上的高楼我们认为它是静止的，是因为高楼相对于地面的位置没有发生改变。但放到宇宙中，对太阳来说，高楼是随着地球一起运动的。

别转了，你们不累吗?
生命在于运动!

怎么更准确地描述运动或静止呢?

运动和静止都是相对的。如果我们想准确地描述物体的状态，就要选另一个物体作为标准，这个物体就叫参照物。选择不同的参照物来观察同一个物体的运动，观察结果可能会有所不同。比如当老师走进教室时，对于同学来说，他是运动的；但对于老师抱着的课本来说，他是静止的。

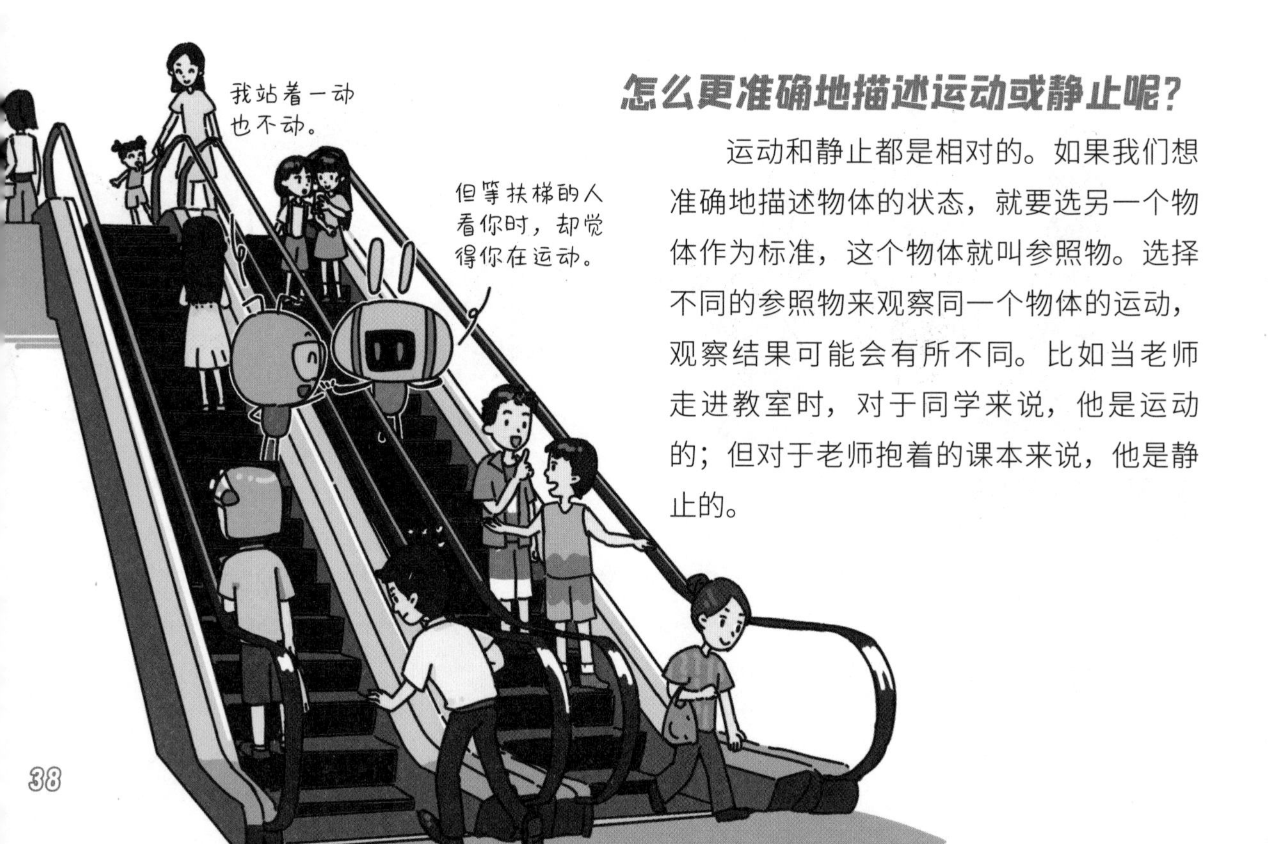

我站着一动也不动。
但等扶梯的人看你时，却觉得你在运动。

这不可能是真的吧？

据说，在第一次世界大战中，一名正在空中飞行的飞行员，将手伸到飞机外，竟然抓到了一颗子弹。这听起来很不可思议吧？其实，从物理学上来说，用手抓住子弹是可以实现的，只要人与子弹保持相对静止的状态。不过，想象很“丰满”，现实却如此“骨感”，子弹的飞行速度非常快，且杀伤力很大，即使人乘坐飞机也难以在毫发无损的情况下抓住它。因此，这个故事极有可能是编造的。

你知道吗？

古人早就对相对运动和静止有了思考，宋代诗人陈与义的诗句“卧看满天云不动，不知云与我俱东”便是例子。诗人躺卧在船上看着满天的白云，觉得白云静止不动，是因为白云与诗人一起向东运动。但以河边的大山为参照物，诗人和白云都是向东运动的。

物理学家们的探索之路

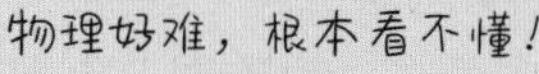

想当物理学家，
哪有这么简单！

物理好难，根本看不懂！

聪明又古怪的牛顿

牛顿是享誉世界的英国物理学家，他提出了万有引力定律和牛顿三大运动定律，发展了微积分学，还发明了反射望远镜。他撰写的《自然哲学的数学原理》一直被视为最难读懂的物理学著作之一。在这本书里，牛顿解释了行星、彗星等天体的运行轨道，并提出了万有引力定律和三大运动定律。

“电学之父”：法拉第

法拉第被誉为“电学之父”，是19世纪最伟大的实验物理学家之一。他在电磁学领域的贡献尤其显著，为电力的广泛实际应用奠定了基础。1831年10月17日，法拉第首次观察到了电磁感应现象，并在之后提出了著名的电磁感应定律，即法拉第电磁感应定律，为后来变压器和发电机的出现提供了理论基础。有意思的是，法拉第在英国皇家学会工作时，担任的是化学助理一职。估计当时没有人想到他之后竟能在物理学领域取得如此高的成就。

爱因斯坦的伟大发现

20 世纪初的某一天，爱因斯坦发表了一篇震惊世界的科学论文——《狭义相对论》。这篇论文不仅将普通人搞得满头雾水，也让很多专业人士迷失在粒子和反粒子的全新世界里。而在几个月之后，他又贡献出了一条改变历史的等式，即 $E=mc^2$，其中 E 代表能量，m 代表质量，c^2 代表光速的平方，它说明了每个有质量的物体里都蕴藏着巨大的能量。1916 年，他再次正式发布了广义相对论，并在其中预言了黑洞的存在。

“两弹元勋”：邓稼先

20 世纪中叶，邓稼先在美国获得博士学位后，拒绝了美国政府提供的优厚待遇，毅然登船回到了祖国的怀抱。1958 年 8 月，他成为中国第一颗原子弹的理论设计负责人，带领其他科研人员靠着手摇计算机、算盘和纸笔等非常原始的工具，开始了夜以继日的数学计算。1964 年 10 月 16 日，中国第一颗原子弹爆炸成功。1967 年 6 月 17 日，中国第一颗氢弹爆炸成功。从此，中国打破了西方国家在核技术领域的垄断，国防实力极大增强。

在家就能做的物理实验

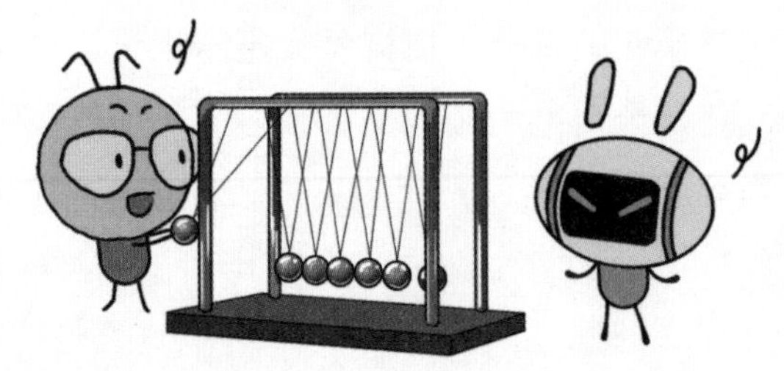

看，这是牛顿摆球，它是展示能量守恒原理的一种物理装置。
这个小球可以把最远的那个球撞起来哦！

电与磁是好朋友

需要准备的材料：电池、螺栓、铜线、钉子

1. 将铜线一圈圈地缠在螺栓上，并保证铜线前后各留出一截。

2. 将铜线前后留出的两截分别接在电池的两端。

3. 现在试着用我们做好的电磁铁，将散落在桌子上的钉子吸起来吧！

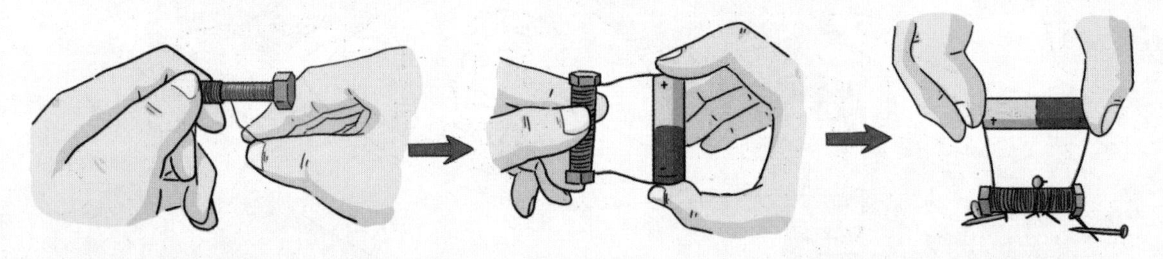

水阻挡不了磁力

需要准备的材料：铁粉、空瓶、清水、磁铁

1. 将清水与铁粉倒入空瓶中，并摇晃均匀。

2. 将磁铁紧贴在瓶壁上。这时，你会发现瓶中的铁粉都聚集在了磁铁周围。

3. 现在，让我们来不停地移动磁铁，使瓶中的铁粉飞舞起来吧！

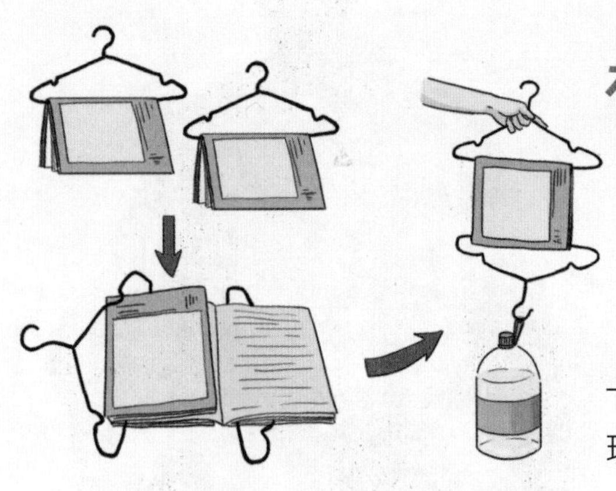

不要小看摩擦力

需要准备的材料：两个衣架、两本书

1. 将两本书分别挂在衣架上。

2. 将两本书一页压着一页地重叠在一起。

3. 现在，让我们抓住其中一个衣架，再用另一个衣架去挂住有一定重量的东西吧！你就会发现两本书紧紧“抱”在一起，无法被轻易分开。

离心力是一种惯性效应

需要准备的材料：2 条不同大小的胶带、绳子、纸筒

1. 先将绳子穿过纸筒，再分别将一大一小两个胶带系在绳子两端。

2. 单手握住纸筒，并保持大胶带在下，小胶带在上的状态。

3. 现在请你用力旋转纸筒让小胶带在水平方向做圆周运动。因为离心力的作用，小胶带将大胶带拽得越来越高！

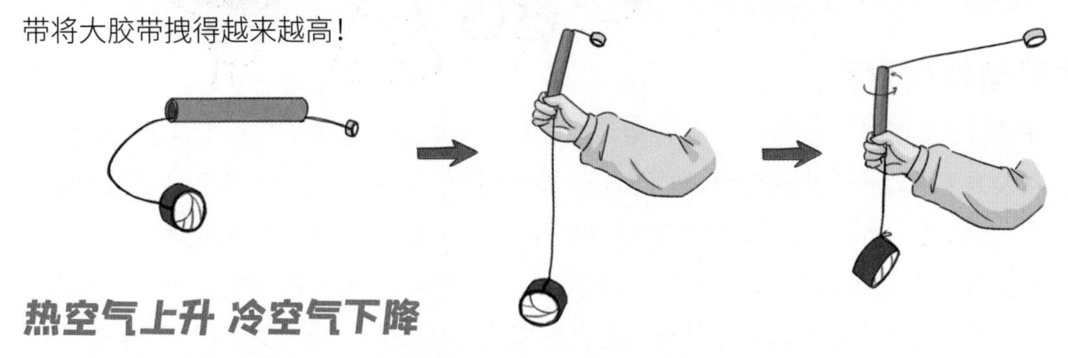

热空气上升 冷空气下降

需要准备的材料：彩纸、剪刀、铅笔、绳子、蜡烛

1. 用铅笔在彩纸上画出一个螺旋形，并用剪刀将它剪下来。

2. 在螺旋形的中心部分打个洞，并穿上一根绳子。

3. 抓住绳子，将彩纸吊在燃烧的蜡烛之上，**注意保持安全距离，**不要将彩纸点燃。看，“风暴”来了！

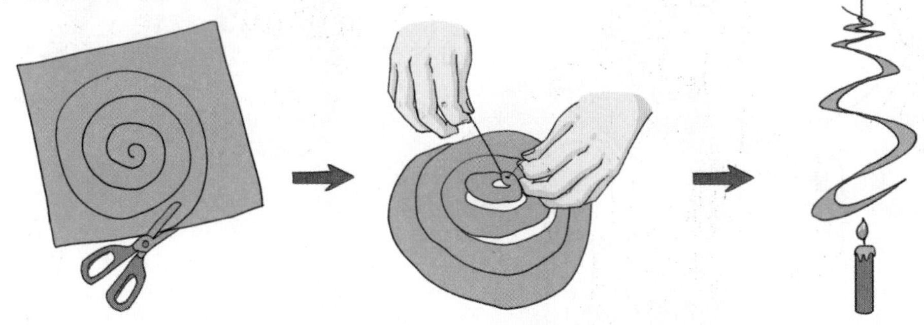

大气压是个大力士

需要准备的材料：清水、纸巾、杯子、盘子、打火机

1. 先将纸巾平铺在盘子上，再倒入适量的清水将它浸湿。

2. 用打火机炙烤杯子里面的杯壁。**注意，千万不要烫伤自己哦！**

3. 现在，让我们把杯子迅速扣在盘子上。看，盘子竟然被提起来了！

化学和炼金术有什么关系？

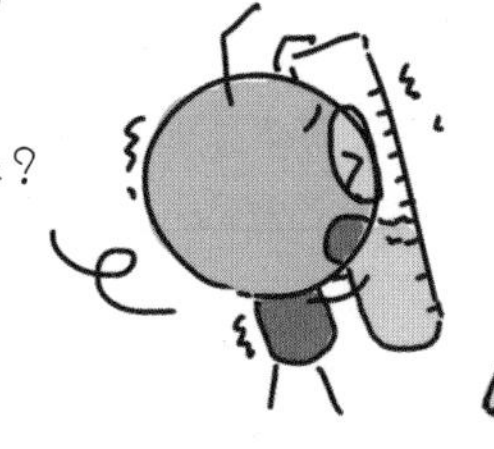

我们为什么造不出金子来？

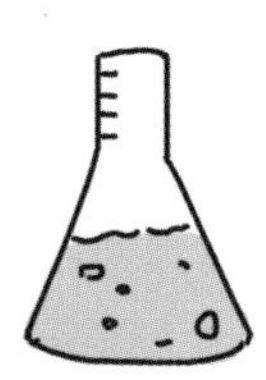

可能是我们用的配方还不对……

炼金术从何而来？

炼金术，这门古老而神秘的技艺，相传最早是在古埃及的土地上生根发芽的。很久以前，古埃及人想出了一些奇奇怪怪的办法来提炼铜和银。后来，这些知识漂洋过海传播到了古希腊，当时的人们创造了“赫耳墨斯·特里斯墨吉斯忒斯”这一智者形象，并将关于炼金术的一系列文献都署上了他的名字。随着时间的推移，炼金术逐渐发展为一门系统性的学问。炼金术士不仅追求将贱金属转化为贵金属的“秘法”、制造使人长生不老的“秘药”，还思考起哲学问题来。

让我想想，我刚才都往里面加了些什么东西……

炼金术士与化学家

1661 年，英国化学家罗伯特·玻义耳发表了《怀疑的化学家》，这是世界上第一篇区分化学家和炼金术士的论文。在文中，他提出了关于物质组成的理论，并强调了实验方法的重要性。以此为起点，化学与炼金术开始“分家”，并向着现代科学的方向继续发展。不过，这种转变是漫长而艰辛的，直到 18 世纪末，人们还是会下意识地将化学家与炼金术士混为一谈。

什么？你要往里面放蜘蛛？
年轻人，人生的意义就在于尝试！

炼金术真的没有可取之处吗？

站在今天的角度来看，炼金术确实是不科学的。古代炼金术士虽然接触到了很多元素，却不知道它们究竟是什么，由什么组成，有怎样的化学性质，又有怎样的变化规律。不过，当我们换个角度来看，虽然炼金术带有浓厚的神秘色彩，但有些人在探索过程中制造了各种仪器，它们日后发展成为化学实验室的基础设备；有些人记录了一些化学物质的性质和用途，比如硫酸、硝酸、盐酸等，这些信息对化学的发展起到了重要作用。

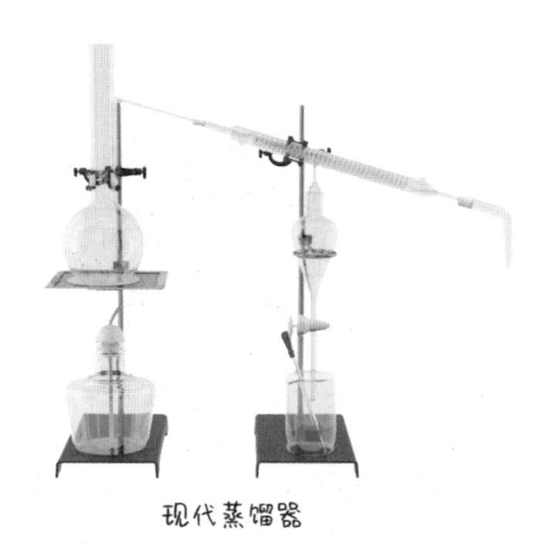
现代蒸馏器

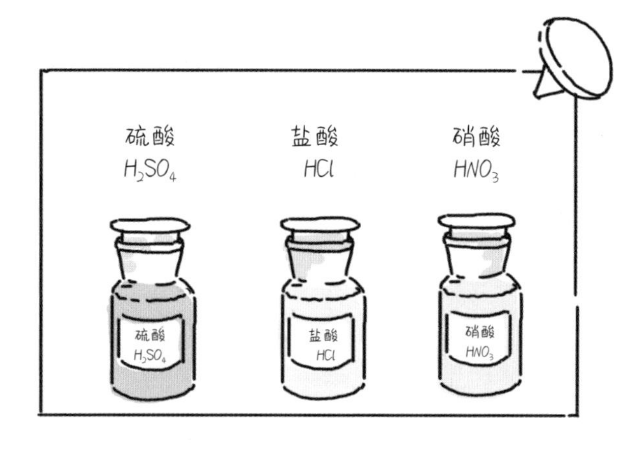

你知道吗？

金元素的原子序数为 79，其化学符号为 Au——来自拉丁文“aurum”，意思是“黎明之光”。数千年以来，金被人们视作财富的象征。美国在 19 世纪中叶还曾掀起“淘金热”，当时成千上万的人涌入渺无人烟的矿区，只为“一夜暴富”。但作为延展性最好的金属，金不止能被制作成漂亮的首饰、豪华的摆设，在如今也用于制造电路板、半导体、传感器、医疗设备等高科技产品。

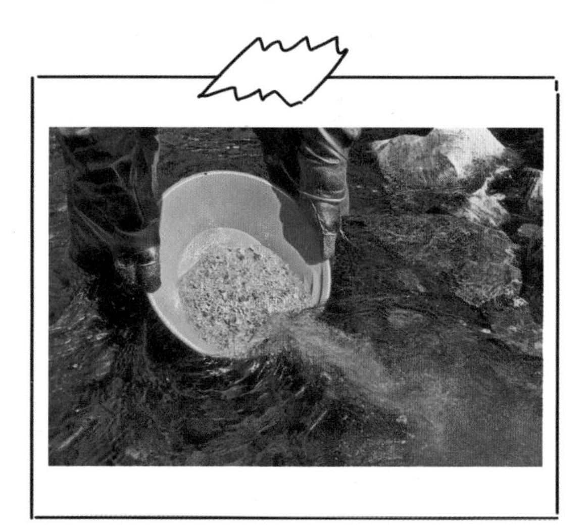

淘金者会寻找一些特殊的小溪或河流，并通过淘洗筛出藏在淤泥中的金沙

化学家们的奋斗之路

为了让化学成为一门有尊严的科学，化学家们可费了不少功夫！

那是自然的。

名不见经传的谢勒

提起留名青史的化学家，可能很难有人说出谢勒的名字。18 世纪下半叶，瑞典化学家卡尔·谢勒在几乎没有使用任何先进仪器的情况下，先后发现了锰、钡、钼、钨等多种元素，以及许多化合物包括甘油、单宁酸等。可惜的是，这些发现没能让他一举成名。谢勒是一个好奇心十足的人，他甚至会品尝自己用来实验的东西，而其中一些带有剧毒。后果可想而知，他四十多岁就倒在了实验台前，很多人认为他的死因就是中毒。

你为什么要写得这么快?
我有种不祥的预感，再不写就没机会写了……

上断头台的拉瓦锡

1743 年，安托万 - 洛朗 · 拉瓦锡出生在法国的一个小贵族之家。虽然他终其一生都没有发现新的元素，可却被誉为“近代化学之父”，远比谢勒更加出名，这是因为他让化学这门科学变得严格化、明晰化和条理化。拉瓦锡与他人合著了《化学命名法》一书，制定了新的化学命名体系。他还对多种气体进行了研究，并最先为氧气命名。然而，在轰轰烈烈的法国大革命中，拉瓦锡被推上了断头台。

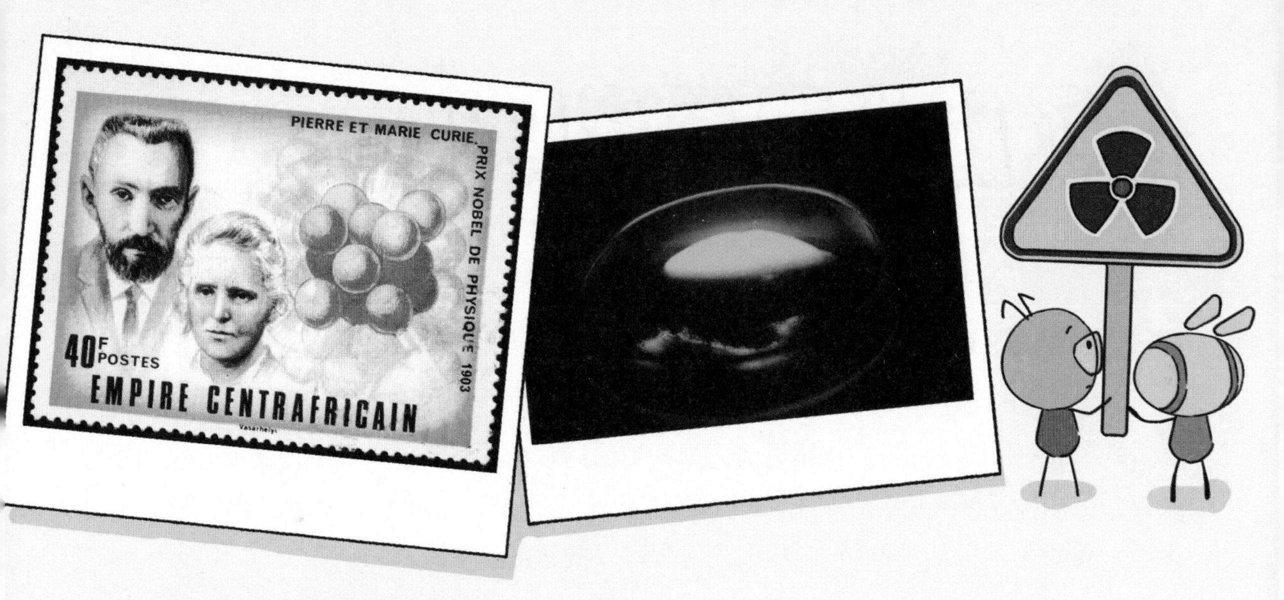

玛丽·居里与放射性元素

1898 年，玛丽·居里与她的丈夫通过沉淀法，从沥青铀矿中提炼出了两种新的元素——镭和钋。我们现在知道镭和钋都属于非常危险的放射性元素，它们释放出的射线会对人体造成严重损伤，但那时玛丽·居里并不知道这件事情。1937 年 7 月 4 日，她因癌症逝世，并且，因为生前长期接触放射性物质，她的尸体也变得具有放射性。据说，人们不得不在她的棺椁里放置厚厚的一层铅来屏蔽辐射。

侯德榜与侯氏制碱法

尽管我们的祖先在古代发明创造了许多领先全球的科学技术，但直到 20 世纪初现代化学才在中国这片土地上萌芽。侯德榜，作为中国近代化学工业的先驱之一，其创新的侯氏制碱法曾名扬四海。作为化工产业的基础原料，碱在生产化学试剂、洗涤剂、药品、食品膨松剂、肉类嫩化剂等多种产品中扮演着至关重要的角色。侯氏制碱法不仅提高了纯碱生产的效率和效益，更极大地推动了中国化学工业的进步。

你了解化学元素吗？

对呀，人类离不开化学！
地球像是一座大型化学实验室！

什么是化学元素？

化学元素即为由相同类型的原子所构成的物质，它在化学上不能再分解成更简单的物质。举个例子，即使你用力地锤砸氧元素，或者给它加热、降温，氧仍旧是氧，绝对不可能变为另一种元素。但是，氧元素可以与其他元素组合，从而形成含氧的化合物——氧化物。通过化学方法，化合物的组成元素是可以被分离出来的。

人类与化学元素的不解之缘

自人类诞生以来，便不断与各种化学元素打交道，只是当时他们还不懂得如何去定义这些元素。碳应该是人类最早接触的化学元素之一，在远古时期，原始人类就开始尝试通过燃烧木炭来取暖，而木炭富含碳元素。回顾古代，人们买东西用的钱——铜钱、银子和金子，都是古人使用过的金属元素。尽管古代建筑的色彩不及现代丰富，但古人已经开始使用红色颜料来装饰住宅，而这些颜料中一般混有赤铁矿的粉末，人类由此接触到了铁元素。

化学史上第一个发现磷元素的人

在 17 世纪的德国，有一位名叫亨利·布兰德的炼金术士，他一直梦想着能够把一些廉价的东西转化成贵重的黄金。有一天晚上，他决定干一件大事，他要利用黄色的尿液来提炼黄金！然而，随着尿液慢慢地蒸发完毕，他并没有梦想成真，但在失望之余，他发现瓶底出现了一些会发光的白色固体。这些白色固体便是从尿液中蒸馏浓缩得到的磷。虽然尿液变黄金的计划失败了，但布兰德误打误撞地成为化学史上第一个发现磷元素的人。

人类的身体里都有哪些化学元素呢？

据测定，人体里已经发现的化学元素超过六十种，主要包括氧、碳、氢、氮、钙、磷、钠、钾、氯、镁、硫等元素，这些化学元素被叫作人体必需的主要元素，约占人体的 99%。其余的部分，则是一些微量元素，约占人体的 1%，主要有铁、铜、锌、碘、氟、锰、溴、硅、铝、砷、硼、锂、钛、铅等元素。

是谁发明了元素周期表？

为什么需要元素周期表？

自从布兰德发现了磷元素之后，科学家们一下子被“打通了任督二脉”，他们运用各种各样的实验方法开启了他们探索元素的旅程。1661 年英国科学家波义耳确立了“元素”的概念，化学这门学科至此正式诞生。到了 1803 年，英国化学家道尔顿第一次提出了“原子”的概念，为元素周期表的诞生奠定了重要的基础。然而，随着发现的新元素越来越多，人们迫切地需要一种排列方法，可以直观地体现出各种元素之间的关系。时间来到 19 世纪中期，化学界的“天选之人”门捷列夫登场了！

发明元素周期表之前

当然，在俄国化学家门捷列夫提出他的元素周期表之前，化学界已经涌现出许多杰出的化学家，他们揭示了许多化学反应的奥秘，提出了许多重要的化学概念和定律。门捷列夫详细地研究了前人的各项工作成果，尤其是道尔顿提出的“原子论”，并从扑克牌游戏中获得了灵感，依据原子量的递增和元素的化学性质总结出了伟大的元素周期表。

化学世界的“地图”

元素周期表是方便人类探索化学世界的重要“地图”，它将各种各样的化学元素按照一定的规律排列在同一张表中。其中，在同一个纵列上的元素是同族元素，如铜、银、金；在同一个横行上的元素是同周期元素，如钠、镁、铝、硅、磷、硫、氯、氩。为了方便不同地区、不同语言的使用者，表上会标注各元素的标准化学符号。不过，虽然门捷列夫发明了元素周期表，他却没能因此获得诺贝尔化学奖。

元素周期表

Periodic Table of the Elements

原子序数 1 — 元素符号 H — 元素中文名称 氢 — 元素英文名称 hydrogen — 惯用原子量 1.008 — 标准原子量 [1.0078, 1.0082]

1	2	3	4	5	6	7	8	9	10	11	12	13	14	15	16	17	18
1 H 氢 hydrogen 1.008 [1.0078, 1.0082]																	2 He 氦 helium 4.0026
3 Li 锂 lithium 6.94 [6.938, 6.997]	4 Be 铍 beryllium 9.0122											5 B 硼 boron 10.81 [10.806, 10.821]	6 C 碳 carbon 12.011 [12.009, 12.012]	7 N 氮 nitrogen 14.007 [14.006, 14.008]	8 O 氧 oxygen 15.999 [15.999, 16.000]	9 F 氟 fluorine 18.998	10 Ne 氖 neon 20.180
11 Na 钠 sodium 22.990	12 Mg 镁 magnesium 24.305 [24.304, 24.307]											13 Al 铝 aluminium 26.982	14 Si 硅 silicon 28.085 [28.084, 28.086]	15 P 磷 phosphorus 30.974	16 S 硫 sulfur 32.06 [32.059, 32.076]	17 Cl 氯 chlorine 35.45 [35.446, 35.457]	18 Ar 氩 argon 39.95 [39.792, 39.963]
19 K 钾 potassium 39.098	20 Ca 钙 calcium 40.078(4)	21 Sc 钪 scandium 44.956	22 Ti 钛 titanium 47.867	23 V 钒 vanadium 50.942	24 Cr 铬 chromium 51.996	25 Mn 锰 manganese 54.938	26 Fe 铁 iron 55.845(2)	27 Co 钴 cobalt 58.933	28 Ni 镍 nickel 58.693	29 Cu 铜 copper 63.546(3)	30 Zn 锌 zinc 65.38(2)	31 Ga 镓 gallium 69.723	32 Ge 锗 germanium 72.630(8)	33 As 砷 arsenic 74.922	34 Se 硒 selenium 78.971(8)	35 Br 溴 bromine 79.904 [79.901, 79.907]	36 Kr 氪 krypton 83.798(2)
37 Rb 铷 rubidium 85.468	38 Sr 锶 strontium 87.62	39 Y 钇 yttrium 88.906	40 Zr 锆 zirconium 91.224(2)	41 Nb 铌 niobium 92.906	42 Mo 钼 molybdenum 95.95	43 Tc 锝 technetium	44 Ru 钌 ruthenium 101.07(2)	45 Rh 铑 rhodium 102.91	46 Pd 钯 palladium 106.42	47 Ag 银 silver 107.87	48 Cd 镉 cadmium 112.41	49 In 铟 indium 114.82	50 Sn 锡 tin 118.71	51 Sb 锑 antimony 121.76	52 Te 碲 tellurium 127.60(3)	53 I 碘 iodine 126.90	54 Xe 氙 xenon 131.29
55 Cs 铯 caesium 132.91	56 Ba 钡 barium 137.33	57-71 镧系 lanthanoids	72 Hf 铪 hafnium 178.49(2)	73 Ta 钽 tantalum 180.95	74 W 钨 tungsten 183.84	75 Re 铼 rhenium 186.21	76 Os 锇 osmium 190.23(3)	77 Ir 铱 iridium 192.22	78 Pt 铂 platinum 195.08	79 Au 金 gold 196.97	80 Hg 汞 mercury 200.59	81 Tl 铊 thallium 204.38 [204.38, 204.39]	82 Pb 铅 lead 207.2	83 Bi 铋 bismuth 208.98	84 Po 钋 polonium	85 At 砹 astatine	86 Rn 氡 radon
87 Fr 钫 francium	88 Ra 镭 radium	89-103 锕系 actinoids	104 Rf 𬬻 rutherfordium	105 Db 𬭊 dubnium	106 Sg 𬭳 seaborgium	107 Bh 𬭛 bohrium	108 Hs 𬭶 hassium	109 Mt 鿏 meitnerium	110 Ds 𫟼 darmstadtium	111 Rg 𬬭 roentgenium	112 Cn 鿔 copernicium	113 Nh 鿭 nihonium	114 Fl 𫓧 flerovium	115 Mc 镆 moscovium	116 Lv 𫟷 livermorium	117 Ts 鿬 tennessine	118 Og 鿫 oganesson

57 La 镧 lanthanum 138.91	58 Ce 铈 cerium 140.12	59 Pr 镨 praseodymium 140.91	60 Nd 钕 neodymium 144.24	61 Pm 钷 promethium	62 Sm 钐 samarium 150.36(2)	63 Eu 铕 europium 151.96	64 Gd 钆 gadolinium 157.25(3)	65 Tb 铽 terbium 158.93	66 Dy 镝 dysprosium 162.50	67 Ho 钬 holmium 164.93	68 Er 铒 erbium 167.26	69 Tm 铥 thulium 168.93	70 Yb 镱 ytterbium 173.05	71 Lu 镥 lutetium 174.97
89 Ac 锕 actinium	90 Th 钍 thorium 232.04	91 Pa 镤 protactinium 231.04	92 U 铀 uranium 238.03	93 Np 镎 neptunium	94 Pu 钚 plutonium	95 Am 镅 americium	96 Cm 锔 curium	97 Bk 锫 berkelium	98 Cf 锎 californium	99 Es 锿 einsteinium	100 Fm 镄 fermium	101 Md 钔 mendelevium	102 No 锘 nobelium	103 Lr 铹 lawrencium

你知道吗？

朱元璋竟是“化学教父”？

明太祖朱元璋曾立下规矩，要求皇族起名要按照金木水火土五行的顺序，名字中一定要有相对的偏旁部首。然而，他忽略了一点——他的子孙后代太多了！于是，皇族们不得不开始造字，创造出了镭、铬（gè）、铌（ní）、钠、钚（bù）、镅（méi）等生僻字。到了清末年间，化学元素周期表传入中国，正当近代启蒙家徐寿绞尽脑汁地翻译元素的中文名称时，他发现明朝皇族的名字不就是现成的素材吗？这真是踏破铁鞋无觅处，得来全不费工夫！

关于门捷列夫的二三事

我也想成为化学家！
那你得先努力学习！

一位伟大的母亲

门捷列夫有很多个兄弟姐妹，他的父亲本来是当地一所小学的校长，但后来因病致残，无法继续工作，他的母亲不得不挑起生活的重担，费心费力地养活这一大家子。尽管生活艰难，这位伟大的母亲还是非常重视教育，她不辞辛苦地将门捷列夫送到圣彼得堡的一所学校学习，这才让门捷列夫日后有机会成为闻名世界的化学家。

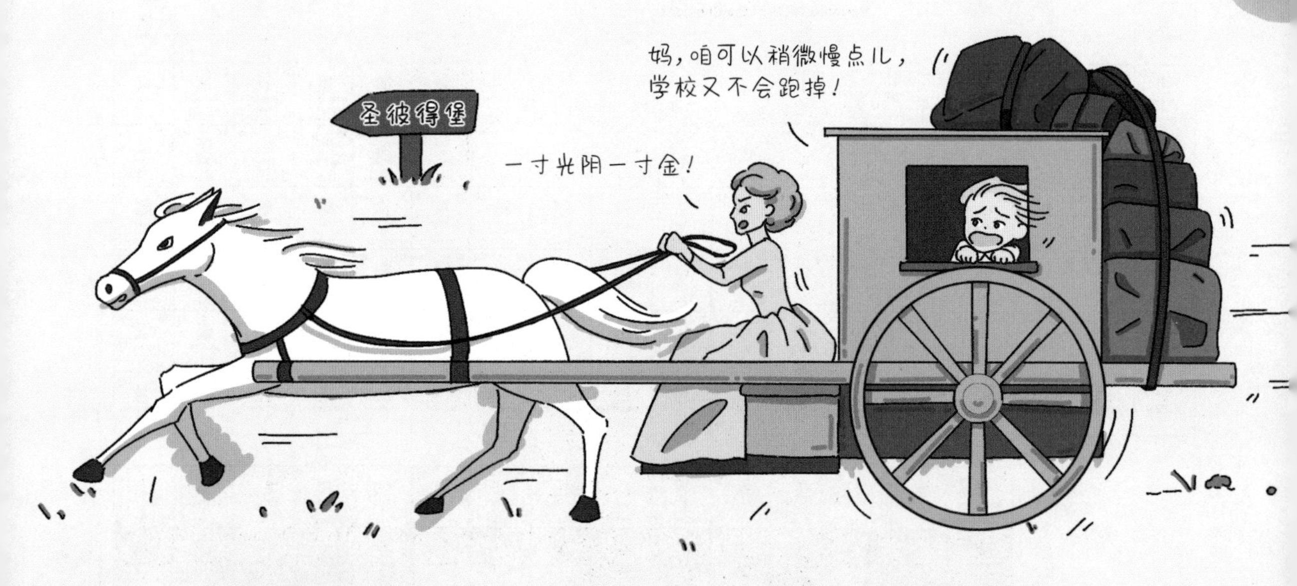

圣彼得堡
一寸光阴一寸金！
妈，咱可以稍微慢点儿，
学校又不会跑掉！

怎么感觉少了
点儿什么？

门捷列夫的预言

在构建元素周期表的过程中，门捷列夫依据元素的特性和原子质量对它们进行了排列，并预言了若干尚未被发现的元素的存在。为此，他在周期表中特意为这些未知元素预留了位置，并且大胆地预测了它们的一些基本属性，例如原子量和性质。后来，事实证明他的设想是正确的，我们不仅发现了他预言中的镓、钪和锗，还发现了更多的元素。

门捷列夫的另一面

你以为这位伟大的化学家只是个书呆子吗？不，他的人生远比我们想象的还要精彩得多！门捷列夫曾坐船去北极进行科考活动，并留下了几十篇关于北极的论文，后来人们更是以他的名字命名了北冰洋的一条海底山脉。除了痴迷北极，门捷列夫也对天空充满了好奇，他曾独自一人乘坐热气球，飞到距离地面 3000 米的高空收集数据，并在这里亲眼见证了一次日食现象！当然，他还是个相当有才华的设计师，在当时，他设计的箱包受到了人们的广泛欢迎。

和钔一样的“老顽固”

1955 年，人们为了纪念门捷列夫在化学领域所作出的巨大贡献，将发现的第 101 号元素命名为“钔”。美国作家保罗·斯特拉森曾经撰写过门捷列夫的传记，对此评价道：“这真是再合适不过了，因为钔是一种性质不稳定的元素。”事实上，晚年的门捷列夫顽固得令人头痛，他拒绝接受包括放射性现象、电子等新的科学观点。据说，他之所以会这样，是因为担心这些新发现会破坏他所建立的元素周期表的稳定性和完整性。

原子究竟是什么？

原子是什么？

在化学变化中，分子可以分成原子，原子又可以结合成新的分子。原子是化学变化中的最小粒子，它不能再分，但总是在不断运动着。原子的体积很小，如果将它和乒乓球相比，就相当于将乒乓球与地球相比。虽然不同元素的原子大小存在差异，但我们难以用肉眼观察到它们中的任何一个。另外，你也许听说过夸克、光子、胶子等粒子的大名，它们虽然比原子更小，但只存在于物理学中。

原子是由什么组成的？

每个原子都由原子核和电子组成，每个原子核都由质子和中子组成。原子核居于原子中心，一般由质子和中子构成，电子则围绕在原子核外层，以一种复杂的运动轨迹在不断运动。与原子相比，原子核和电子的体积更小。不同原子所含有的电子数量是有所差别的，比如氢原子有 1 个电子，碳原子有 6 个电子，钠原子有 11 个电子，氯原子有 17 个电子……同时，随着电子数量的增加，原子的大小、化学性质和物理性质都会发生相应的变化。

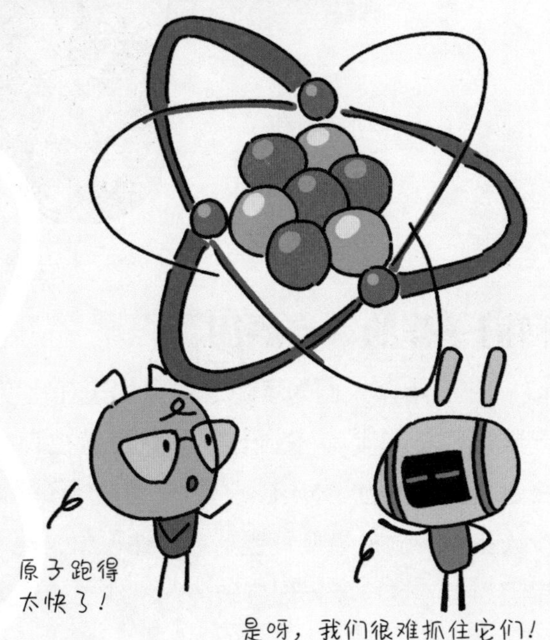

原子跑得太快了！
是呀，我们很难抓住它们！

非常重要的氧原子

每个水分子都是由两个氢原子和一个氧原子组成。氧在自然界中广泛存在，对于生命和地球环境都有着至关重要的作用。无论是生物学、化学还是工业应用，氧都是不可或缺的基本元素之一。氧原子的原子核内有 8 个质子和 8 个中子，核外则围绕着 8 个电子。

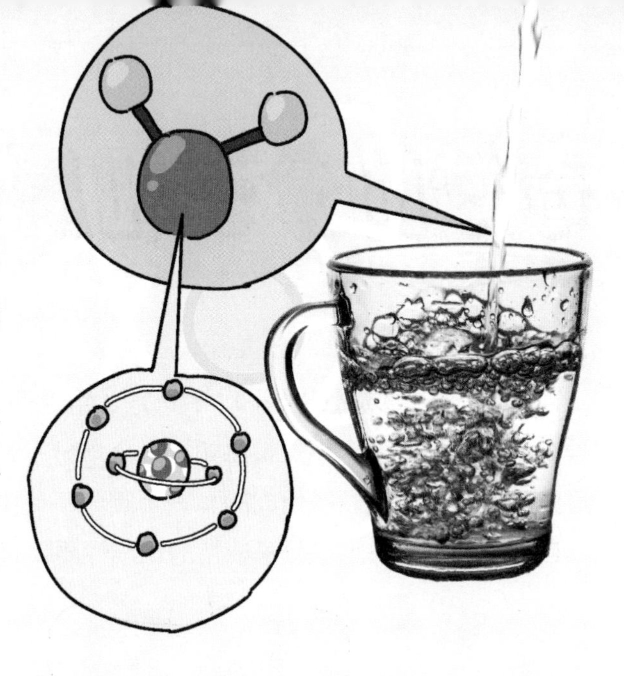

与世界息息相关的原子

说起来你可能不信，但我们和我们身边的所有东西，包括桌子、椅子、面包、胡萝卜等，从本质上来说都是一样的 —— 地球上的一切都是由原子组成的。原子的寿命很长，甚至可以说是不死不灭，组成我们身体的这些原子在数百年前可能属于凡·高、贝多芬或者托尔斯泰。至于是谁摸清了原子的结构，得追溯到 20 世纪初，当时有位科学家名叫欧内斯特卢瑟福，他完成了一项实验 —— 著名的α粒子散射实验，进而提出了原子核模型，并因此获得了诺贝尔化学奖。

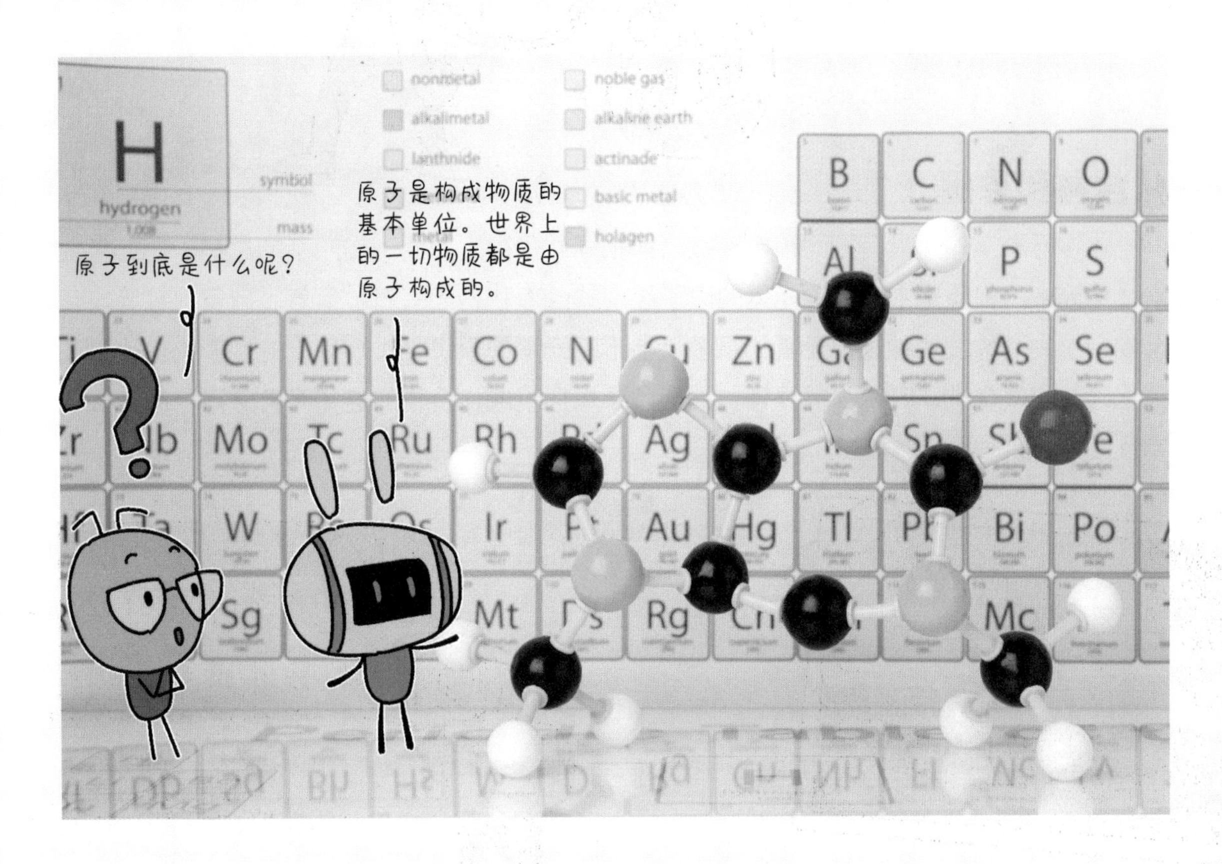

原子到底是什么呢？
原子是构成物质的基本单位。世界上的一切物质都是由原子构成的。

奇妙的分子和原子

钻石和石墨都由碳元素组成，从化学角度来说它们是一样的。
我也想要钻石！

分子是什么？

分子由不同数量的原子以不同方式组合而成，是能独立存在并保持特定物质固有物理、化学性质的最小单位。比如，一个水分子是由两个氢原子和一个氧原子组成的；一个氢分子是由两个氢原子组成的；一个氧分子是由两个氧原子组成的。原子的种类和数目以及自身的结构，决定了分子独特的化学性质，让它们在化学的宇宙中扮演着各自的角色。

化合物和单质

化学元素指的是具有相同核电荷数（即相同质子数）的同一类原子的总称，比如氧元素、钠元素。单质是由同一种元素的原子组成的纯净物，如氧气、氢气、硫黄、铁等。化合物则是由两种或两种以上元素的原子（指不同元素的原子种类）组成的纯净物，比如二氧化碳、一氧化碳、铁锈、铜绿等。并且，要想把组成化合物的这些元素分开，就得靠化学反应才行。

生活中铜器保存不当易生成铜锈，又称铜绿，其包含铜、碳、氧、氢四种元素。
$Cu_2(OH)_2CO_3$

各种各样的化合物

化学中有很多特殊的化合物，它们因为独特的性质、用途或是历史背景而引人注目。比如：

甲烷是一种比二氧化碳更有效的温室气体，它能够吸收更多的红外辐射，导致地球变暖。虽然大气中的甲烷含量远低于二氧化碳含量，但甲烷对全球变暖的影响是不容小觑的。

石墨烯是一种由单层碳原子构成的二维材料。它具有极高的强度、导电性和导热性，被认为是未来电子学、材料科学等领域的重要材料。

一氧化碳是一种无色无味的气体，其与血红蛋白结合的能力很强，大约是氧气的 200 至 300 倍。这种结合能力可以导致人体组织无法获得充足的氧气供应，从而引发一氧化碳中毒甚至危及生命。

你知道吗？

分子料理是一种非常新颖的烹饪方法。想象一下，大厨们摇身一变，成了钻研美味的科学家，他们会利用一些特殊的科学仪器，以及无害的化学试剂，比如液氮，将原材料的分子解构、重组及运用，并最终创造出富有科技感的食物。

看不见、摸不着的化学键

什么是化学键？

现在我们知道了，一滴水是由大量的水分子组成的，而一个水分子又是由一个氧原子和两个氢原子组成的。那么大家一定很好奇，氧原子和氢原子是如何组成一个水分子的呢？化学中我们一般把相邻的两个原子间强烈的相互作用称为化学键，可以想象一下用一根牙签的两端戳起两个小球，两个小球就是两个原子，而中间的牙签就是化学键！当然，化学键是看不见也摸不着的，它代表的是将两个原子紧密结合在一起的一种作用力。现在，我们可以说各种各样的原子通过化学键连接在一起形成了分子，而大量的分子又组成了我们能看见的化学物质。

化学键可能不止一根

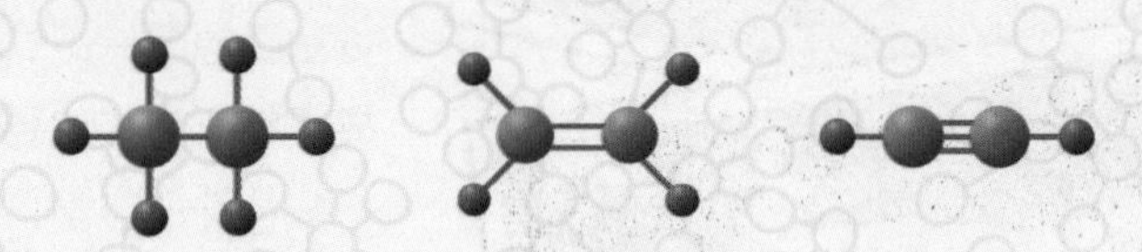

既然我们可以用一根牙签戳起两个小球，那么自然也可以用两根牙签。化学键也是一样，不同的分子里化学键可能不止一根哦。在水分子里，氧原子和氢原子之间只有一根化学键，这被称为单键；而氧气分子中，两个氧原子之间通过两根化学键相连，这叫双键；氮气分子中，两个氮原子之间有三根化学键，这就是三键。

化学键的本质是什么？

化学键体现了相邻的两个原子之间的相互作用，那么它的本质是什么呢？前面我们说过原子是由原子核和电子组成的，而化学键的本质就是不同原子之间核外电子的一种配对和相互作用，每一个化学键都包含了两个电子的配对。想象一下，一个氢原子和一个氧原子分别拿出自身的一个电子配对在一起，这就形成了一根化学键。

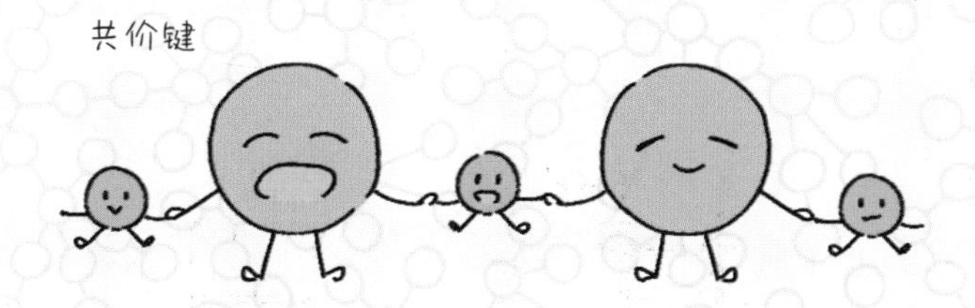

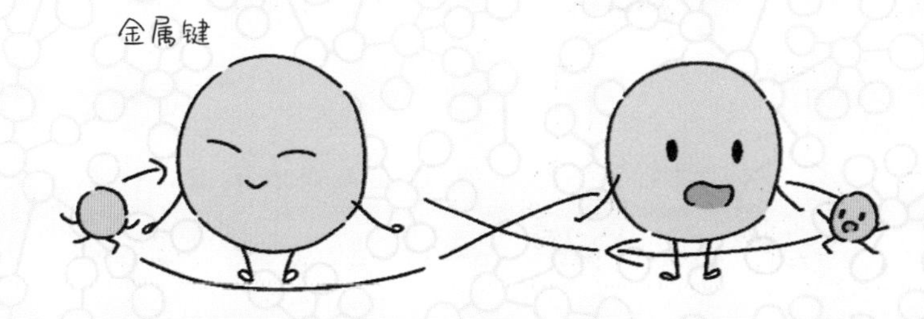

不同类型的化学键

化学键大致可分为离子键、共价键和金属键三种。比如，我们常吃的食盐氯化钠是由钠元素和氯元素组成的，而氯化钠分子中钠元素和氯元素是以离子形态存在的，两种离子之间的化学键就叫离子键；水分子里面氧原子和氢原子之间的化学键是一种共价键，它们是通过共用电子而结合到一起的；金属键是把金属原子结合到一起，形成金属晶体的化学键。

化学变化有多奇妙？

哇，化学反应还真是丰富多彩呀！

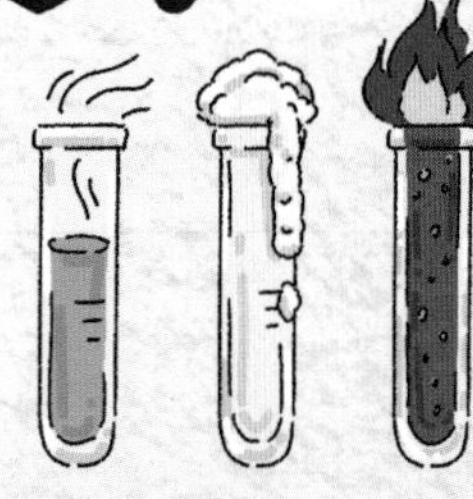

搞懂化学反应，就能更好地利用化学造福人类！

化学变化和物理变化

让我们先来看两个例子。当我们用火点燃一根小木棒，随着小火苗的跳动，燃烧的小木棒会越来越短，同时产生大量的烟；在寒冷的冬天，水结成了冰。它们有什么区别呢？在第一个例子中，木棒在燃烧中逐渐消失不见，但这个过程产生了烟和灰烬，属于化学变化；而在第二个例子中，冰就是固态的水，水只是改变了自己的外观，它既没有消失，也没有产生新的物质，属于物理变化。

化学变化和化学反应

化学变化必然伴随着旧物质的消失和新物质的生成，而想要实现化学变化，依靠的就是化学反应。化学反应的发生需要满足一定的条件，比如温度、压力、催化剂等。只有在这些条件得到满足的情况下，化学反应才能顺利进行。在化学反应发生的过程中，物质所包含的原子的种类和数量是不变的，改变的是它们的组合方式。

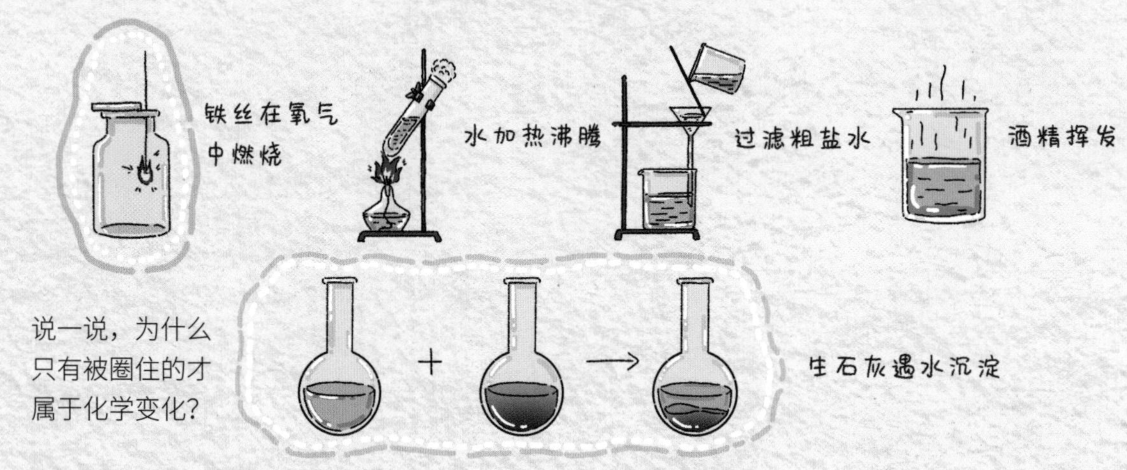

化学反应的本质

化学反应千奇百怪、各色各样，木棒可以燃烧，铁会生锈，为什么不同的物质会发生不同的化学反应呢？回忆一下我们前面说过的化学键，在化学分子中，原子通过化学键组合在一起。而要想发生化学反应，势必要形成新的分子，那么化学键也一定会发生断裂！所以说，化学反应的本质就是旧的化学键断裂了，新的化学键形成了，原子之间形成了新的组合方式。

所有的化学变化都是明显的吗？

我们来思考这样一个问题，打开一瓶碳酸饮料，瓶子里面会有大量的二氧化碳跑出来，这个过程属于化学反应吗？也许你会说，除了有气泡、发出沙沙的声音，瓶中的水既没变色也没少，看起来并没有生成新的物质。其实不然，在打开饮料的过程中，水中的碳酸会不断分解为二氧化碳和水，因此这是一个不折不扣的化学变化哦。实际上，并不是所有化学变化都是激烈的、明显的，其中有些发生得静悄悄的，很难察觉。

当镁燃烧时，会与空气中的氧气反应，生成氧化镁。这一过程会发出强烈的白色光芒。

电池放电时，里面的化学物质也在发生变化呢，但我们几乎无法察觉这个过程。

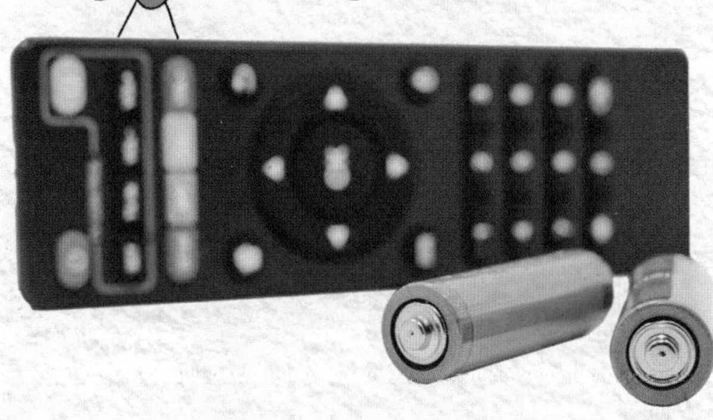

千奇百怪的化学性质

化学性质是什么？

让我们从一个简单的小实验开始，现在桌子上有一杯酒精和一杯水，如果不去闻它们的味道，我们要如何区分它们呢？酒精和水都是透明的液体，只用眼睛瞧是很难将它们区分开的。不过，有个危险的办法却很有效，那就是用火去点燃它们。我们会发现酒精可以燃烧而水不可以燃烧，这里面就包含了两种最基本的化学性质——可燃性和不可燃性。

通过酒精和水化学性质的不同，我们成功地区分了它们。想必此时你一定会有疑问：可燃性为什么要被称为化学性质呢？这是因为酒精在燃烧的过程中发生了化学变化。因此，我们可以说化学性质是一种物质在发生化学变化时体现出来的性质。

除了可燃性，化学性质还有很多种，比如有毒性、活泼性、腐蚀性、氧化性等等，各种物质不同的化学性质组成了它们之间各种各样的化学变化。

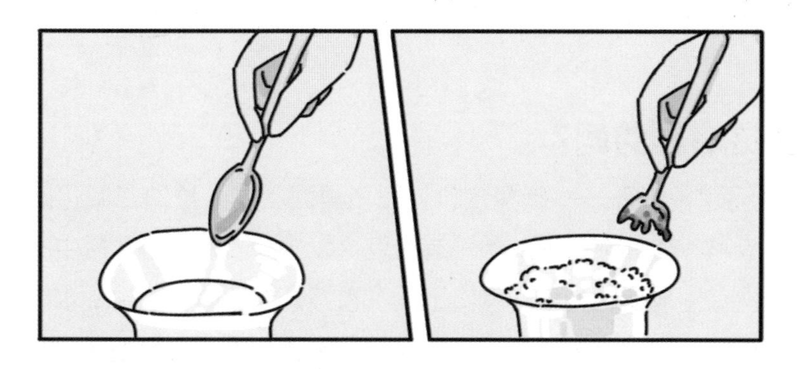

势不两立的化学性质

在化学世界中，物质的化学性质大多是相对立的，比如氧气具有助燃性，而二氧化碳具有抑燃性；有的金属具有活泼性，而有的金属则是惰性的；食醋具有酸性，而小苏打却是碱性的……这也正是化学世界的奇妙之处。

蘸饺子的醋就是酸性的。

苏打水是碱性的。

PH值色别表

4.0	5.0	6.0	6.6	7.0	7.6	8.0	9.0	9.5	10.0

酸性 ← 中性 → 碱性

更进一步去看化学性质

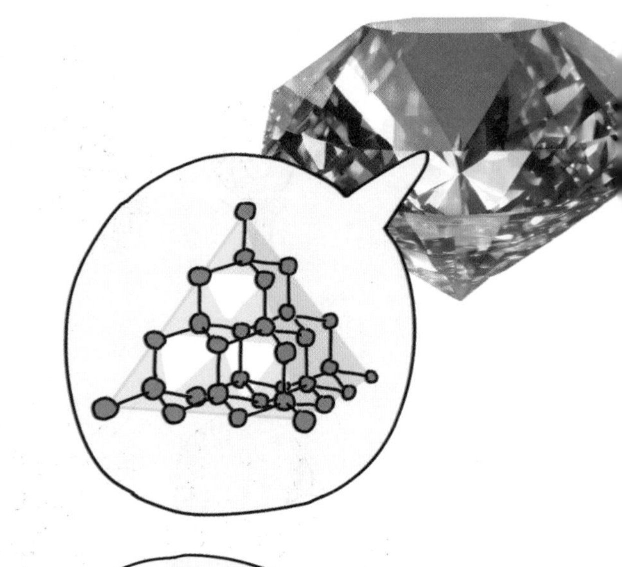

大家一定很好奇，为什么酒精就具有可燃性而水却没有呢？一种物质的化学性质到底是由什么决定的呢？前面我们说过，化学变化中最小的粒子是原子，没错，决定物质化学性质的正是原子组成和原子结构的差异！不同的物质由不同的原子组成，而不同原子在结构上的差异造成了不同物质在化学性质方面的千差万别。

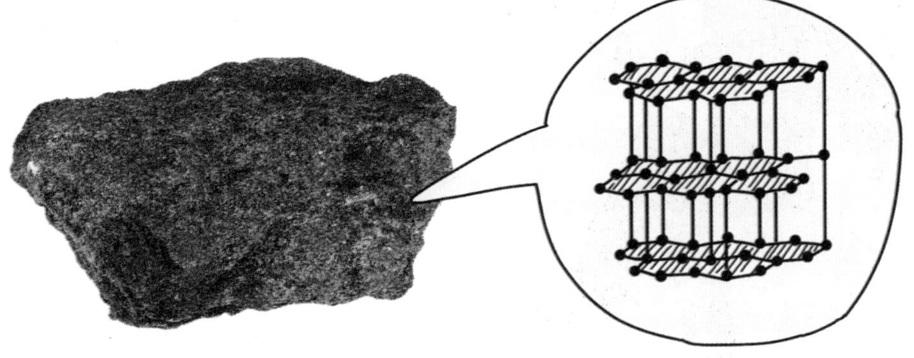

化学性质和物理性质

还是让水继续它的表演，当我们把水冰冻到 0°C时，它会结冰变成固体，这时候我们说水的凝固点是 0°C；当我们把水烧到 100°C时，它会变成水蒸气，这时候我们说水的沸点是 100°C。那么沸点和凝固点这两个性质是水的化学性质吗？答案是否定的！因为水无论是结成冰还是沸腾成水蒸气，它本质上还是水，并没有发生化学变化。所以，这两个性质不是水的化学性质，而是物理性质，不是在化学变化中体现出来的性质都可以被归结为物理性质。

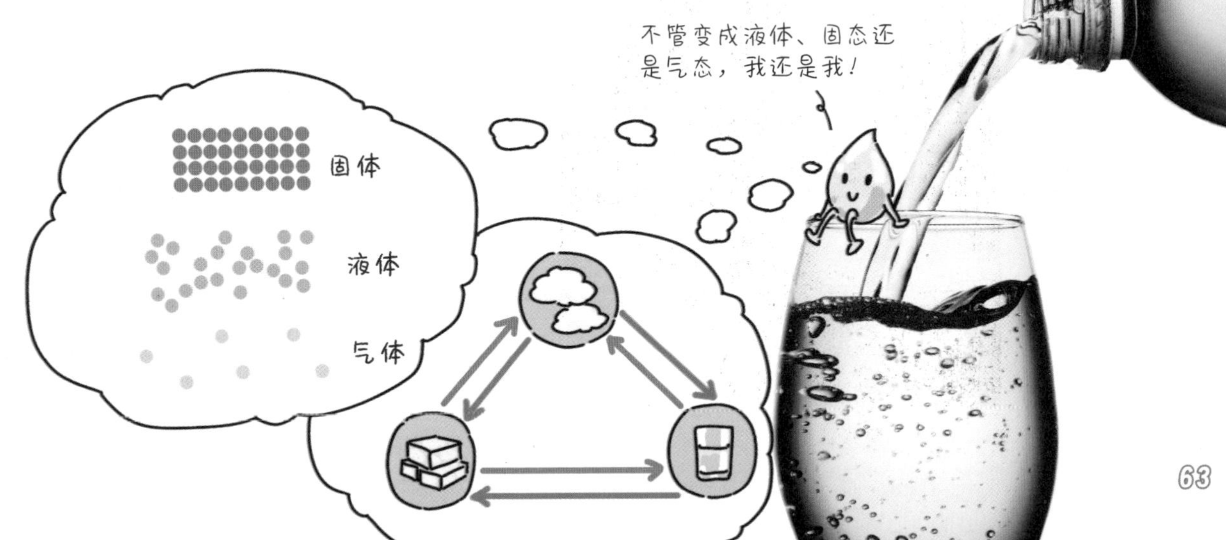

不管变成液体、固态还是气态，我还是我！
固体
液体
气体

放射性元素为什么十分危险？

神秘的射线

1896 年的一天，法国科学家亨利·贝克勒尔不小心把一包铀盐忘在了抽屉里。等到他再打开抽屉时，竟然发现铀盐把和它放在一起的感光板烧出了印子。于是，他很快意识到铀盐会释放某种射线。贝克勒尔将这一科研项目交给了玛丽·居里，也就是我们熟悉的居里夫人。之后，玛丽·居里与自己的丈夫皮埃尔·居里合作，开始了对“神秘射线”的研究。结果，他们发现有些矿物会源源不断地释放出肉眼看不见的射线，却不会改变自己的体积或者发生可以检测到的变化，这种特殊现象后来被称为“放射作用”。1903 年，居里夫妇和贝克勒尔三人因对放射性的研究而共同获得了诺贝尔物理学奖。

新元素登场了

1898 年，玛丽·居里通过沉淀法从沥青矿中提炼出了两种新的放射性元素——镭和钋。1911 年，她因此又获得诺贝尔化学奖，成为迄今为止人类历史上唯一一个既获得化学奖又获得物理学奖的科学家。镭这种元素你可能或多或少听说过，但钋对于大多数人来说就很陌生了，这种元素具有高放射性且剧毒无比，即便是微量也可能对人类健康造成严重威胁，目前只应用于几个特殊领域，比如核武器的制造。

可怕的放射性污染

放射性元素释放的射线具有强大的能量，一方面它可以消毒杀菌，另一方面它也可以破坏生物的细胞组织，将绝大多数动植物置于死地。1986 年 4 月 26 日，现乌克兰境内曾发生了人类历史上最严重的一起核泄漏事故，由于切尔诺贝利核电站爆炸，大量的放射性物质“逃”出反应堆，被释放到环境中，人们将其称为“切尔诺贝利事件”。直到今天，切尔诺贝利核电站及其周边数十千米区域也没能从这场灾难中恢复过来。

无知引发的悲剧

在 19 世纪初，有很长一段时间，人们都对放射性元素所释放的射线充满了狂热的崇拜，甚至将其称为“天使射线”，并且一厢情愿地认为这种神秘的能量一定能派上大用场。嗅到商机的商人们无视居里夫人的一再警告，相继推出了各种各样的含镭产品，如化妆品、牙膏、玩具、香烟等。当然，后果可想而知，数不清的人因此罹患癌症，成为这场危险狂欢的牺牲者。不过，在今天，聪明的人类还是想方设法地将放射性元素的射线利用起来，比如将它应用在放射治疗中，帮助病人治疗恶性肿瘤。

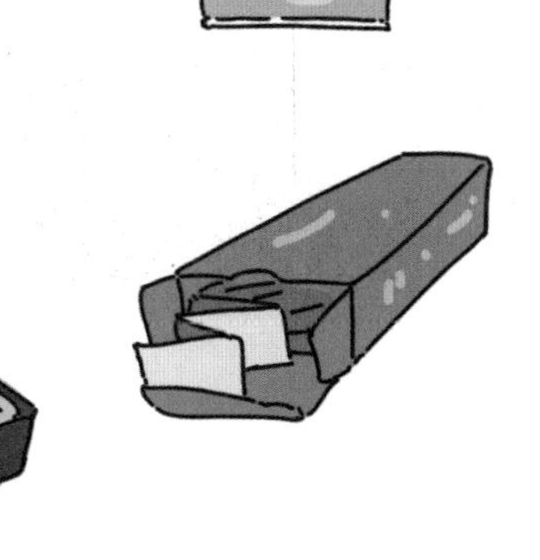

古人的“化学魔法”

古人也懂化学吗？

古人虽然不知道“化学”是什么，但已经会用化学去解决问题了。

化学是一门古老又神秘的学科

化学，这门神奇的学科，一直跟我们人类的冒险旅程形影不离。很久以前，化学对古人来说还是未解之谜，没人真正懂得有些植物为什么可以用来染色，水果成熟时为什么会散发浓郁的果香，砒霜为什么是有毒的。比起系统地整理那些理论知识，古人显然更热衷于琢磨各种各样的技术来解决手头的问题。因此，“化学”这个名字虽然来得很晚，这门学科却是非常古老的。

看，这是我通过化学反应制造出来的作品！

有这么复杂吗？不是烧一烧就可以了吗？

这就是图坦卡蒙项链上的黄色玻璃吧？
它的造型是“屎壳郎”？

法老的彩色玻璃

大约四千年前，古埃及人利用砂石、草木灰、天然苏打、石灰等材料，通过复杂的熔炼工艺，成功制造出了晶莹剔透的玻璃。这些玻璃在当时属于珍贵之物，被用于制作贵族使用的首饰和器物，比如项链、酒杯等。其基础成分通常是二氧化硅，这种化合物是随处可见的砂石的主要成分之一。在烧制玻璃的过程中，古埃及工匠还会添加各种金属矿石，比如蓝铜矿、赤铁矿、铬铁矿等，以此让玻璃呈现出更丰富的颜色。

玩转青铜器

青铜是人类金属冶铸史上出现得最早的合金，其主要成分是铜和锡。大约在公元前 5000 年，我们的祖先就开始制作青铜器了。后母戊鼎是迄今世界上出土最大、最重的青铜礼器，被誉为“镇国之宝”，现收藏于中国国家博物馆。细看其表面，你会发现上面有一层绿色锈迹，即“铜绿”，学名是碱式碳酸铜。由于长期埋藏或暴露于潮湿环境中时，青铜器中的铜元素会与空气中的氧气发生反应，产生氧化铜；而氧化铜会继续与空气中的二氧化碳、水发生反应，产生碱式碳酸铜。

在干燥缺氧的环境中，青铜器的质量一般来说是稳定的。
但在潮湿、氧气充足的环境中，它的质量就会出现明显变化。

超出想象的冶炼技术

中国是世界上最早发明和使用生铁的国家。大约在西周时期，中国就已经出现冶铁技术了。只不过在早期，人们冶炼出来的铁块并不纯净，里面还包含了硅、碳等化学元素。到了魏晋时期，人们发明了把生铁和熟铁合炼成钢的灌钢法。钢的含碳量和硬度都比铁的高，且不易脆裂，实用性更强。

你知道吗？

1965 年的冬天，湖北省荆州市江陵县望山楚墓群出土了一件稀世珍宝——越王勾践剑。它被誉为“天下第一剑”，锻造于春秋晚期，其主要化学成分为铜、锡、铅、铁、硫等元素。

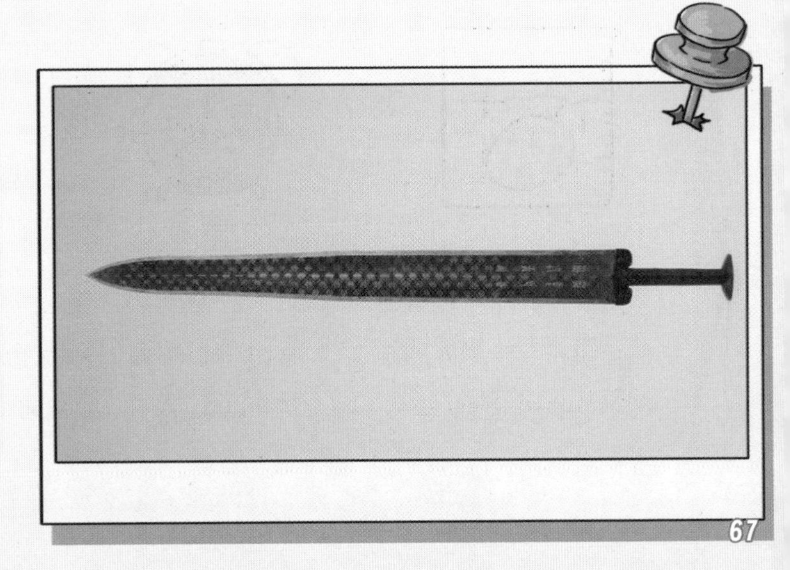

在家就能做的化学实验

加点儿白醋进去，过一会儿水垢就会溶解了！

看，里面积了一层厚厚的水垢！

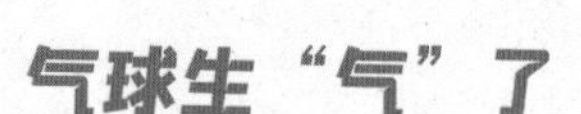

气球生“气”了

需要准备的材料：塑料瓶、小苏打、白醋、气球

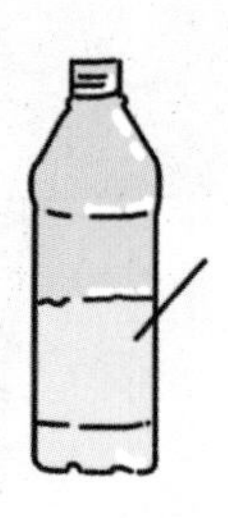

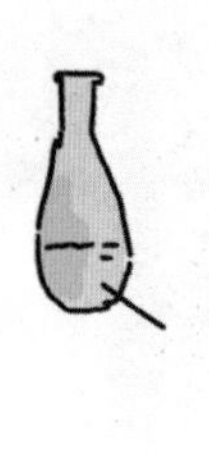

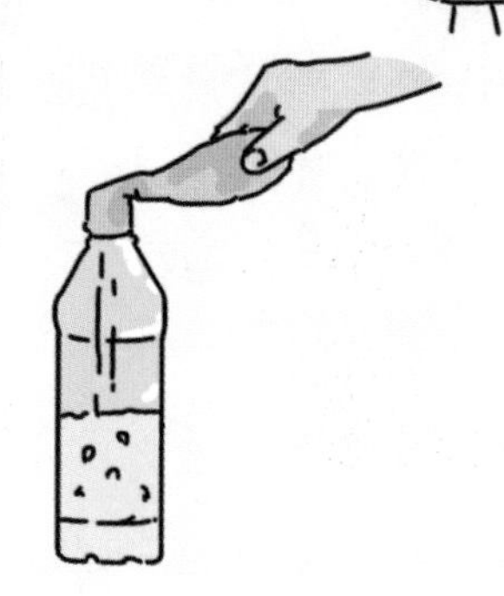

1. 在塑料瓶中装入适量白醋，在气球中装入小苏打。

2. 先将气球套在塑料瓶口上，然后将里面的小苏打抖入塑料瓶中。

3. 哇，气球竟然慢慢变大了！

鸡蛋变弹力球

需要准备的材料：鸡蛋、白醋、杯子

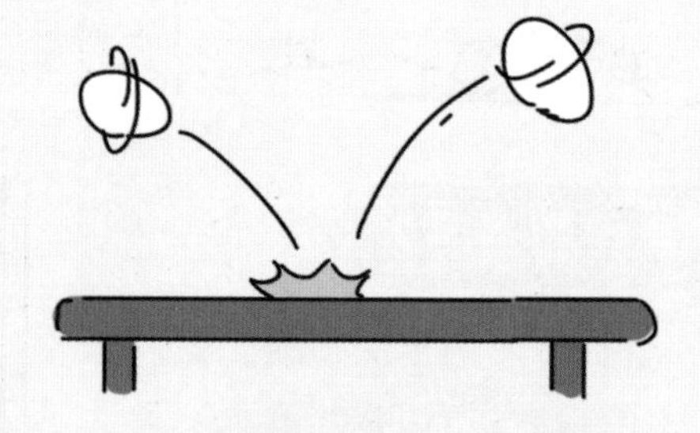

1. 在杯子中倒入白醋，再将一个带壳的生鸡蛋放入白醋中。

2. 等到 1~2 天后，拿出鸡蛋，用水冲洗干净。

3. 你会发现鸡蛋竟然变得充满弹性，可以在桌子上蹦蹦跳跳也不会碎。

柠檬“炸”气球

需要准备的材料：气球、柠檬

1. 将气球吹鼓，再切下一块柠檬皮。

2. 用力挤压柠檬皮，让皮中的汁液落在气球表面。

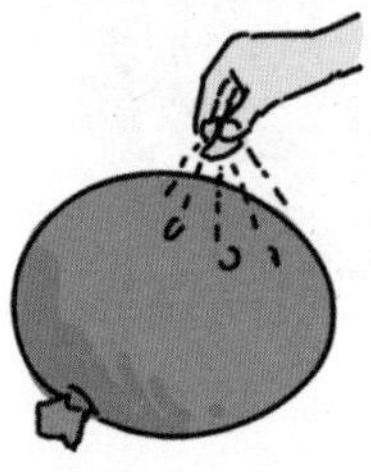

3. 你会发现气球竟然啪的一声爆炸了！

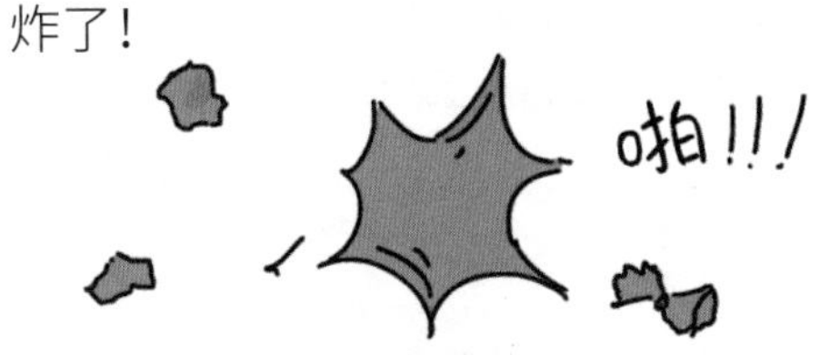

“火山”喷发啦！

需要准备的材料：两个玻璃杯、红药水、白醋、小苏打、洗洁精

1. 将小苏打与洗洁精倒在一起，再把红药水和白醋倒在一起。

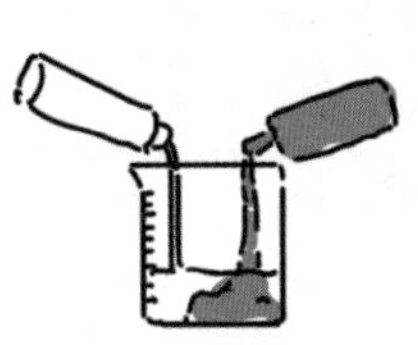

2. 将红药水与白醋的混合液快速倒入另一个杯子中。

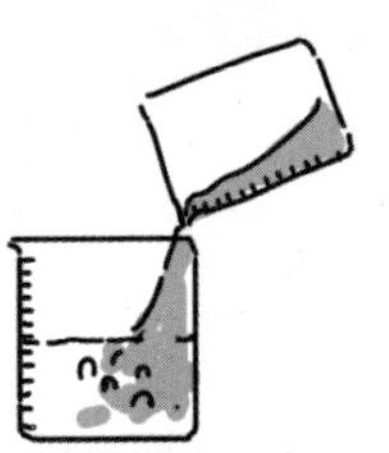

3. 瞧！大量的“岩浆”涌了出来！

人工制造的钟乳石

需要准备的材料：毛线、清水、盘子、勺子、两个玻璃罐、小苏打

1. 在两个玻璃罐中倒入清水和小苏打，然后搅拌，使小苏打充分溶解在水中。

2. 使毛线在玻璃罐中浸湿后，再将其两端分别放入两个玻璃罐中，让它悬在二者之间。

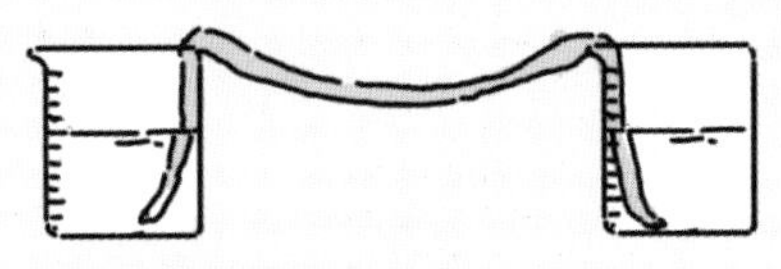

3. 将盘子摆在毛线下面

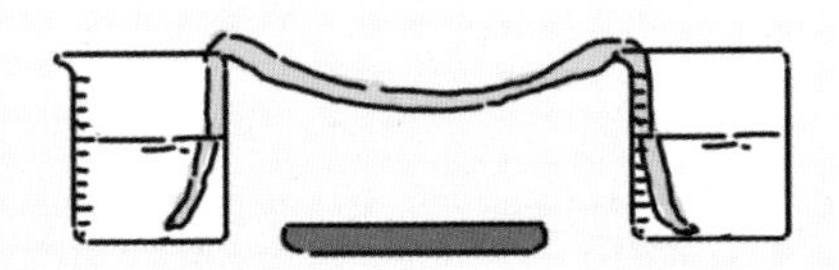

4. 大约一个星期之后，你会发现毛线上竟然“长”出了钟乳石。

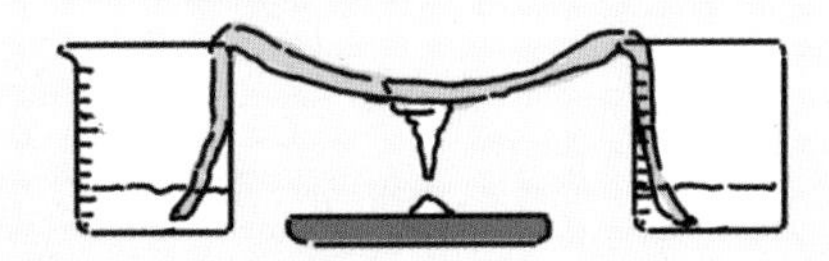

壁画都用到了什么颜料？

矿物颜料

敦煌壁画中使用的颜料多来自天然矿物，这些矿物颜料因为其鲜艳的色泽和稳定的品质而备受青睐。比如，白色颜料取自白垩、石膏、铅白以及云母；红色则来源于朱砂和赤铁矿；蓝色由蓝铜矿和青金石研磨而成；而黄色则是由雄黄和雌黄提供的……

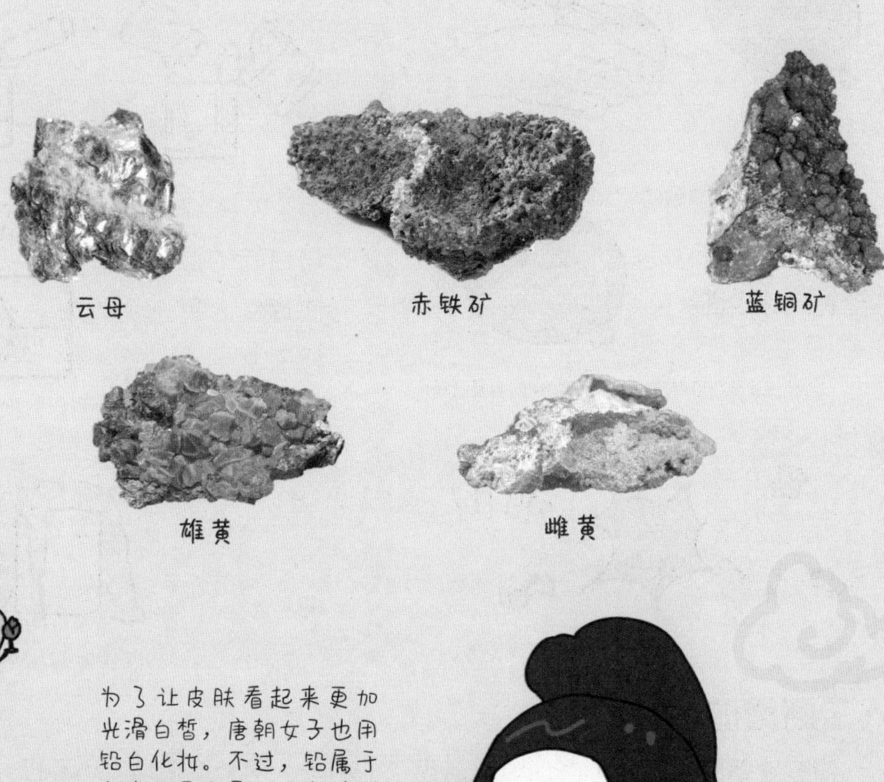

为了让皮肤看起来更加光滑白皙，唐朝女子也用铅白化妆。不过，铅属于有毒的重金属，长期接触或使用含铅的产品可能会导致铅中毒。

化合颜料

为了获得更丰富的颜色，画工还会用胶结材料，将不同矿物颜料混合在一起，制成化合颜料，比如铅丹、密陀僧等。其中，密陀僧由方铅矿氧化而成，呈橙红色，用它画出的淡黄色中带有一丝丝红。

蓝草的根晒干后可以入药，
它就是大名鼎鼎的板蓝根！

植物颜料

画工也会从植物中萃取一些有机颜料，比如藤黄、靛蓝等，不过随着时间的推移，它们几乎已经从古画上消失得无影无踪，只有在特定仪器的帮助下，才能看到少许痕迹。这些颜料大多数都属于化合物。

为什么人物变得这么黑？

敦煌的飞天壁画，历经千年，依然美轮美奂，堪称美术史上的奇迹。但是，很多人来敦煌参观壁画时，几乎都会发出这样的疑问：为什么画中人物看起来这么黑？其实，这并非工匠有意为之，而是再好的化合颜料也经不住时间的磋磨，尤其是含铅的那些。比如，铅白这种颜料常用来描绘人物的皮肤，但它在潮湿环境下就容易发生化学反应，生成硫化铅，而硫化铅通常呈黑色、深棕色或者深灰色。

莫高窟第 231 窟壁画，中唐时期

“幸存”的底层壁画

经过仪器检验，研究者惊讶地发现敦煌的一些壁画竟然有两幅截然不同的“面孔”。原来，古人在重建或修葺石窟时，有时会在原来的壁画上再次敷泥重绘。这样一来，表层壁画就成了底层壁画的“保护膜”，隔绝了外界的空气、水汽和阳光。1944 年，考古工作者在莫高窟第 220 窟有了大发现，其墙壁表层的宋代壁画脱落后，露出了底层保存相对完好的唐代壁画，上面绘制了失传已久的胡旋舞。

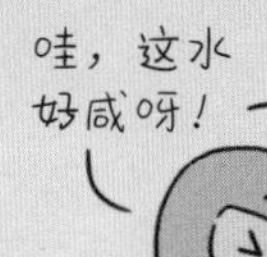

溶于水的盐都去哪儿了？

“不翼而飞”的食盐

让我们一起来做一个有趣的实验，盛一碗水，然后将一小勺食盐放进去，很快我们会发现食盐消失在这碗水里了！固体的食盐一头扎入水里后，为什么消失不见了呢？在化学上我们把这个过程叫作食盐的溶解，那么食盐在这个溶解的过程中发生了什么呢？

水中的电离过程

食盐分子是由钠元素和氯元素组成的，当它们没有溶解在水里时，钠和氯之间通过离子键结合在一起。现在，食盐跳进了水里，钠和氯之间稳固的“关系”也受到了冲击，在水分子的不断撞击下，最终钠和氯分道扬镳了，它们变成了钠离子和氯离子，游离在水中。钠离子带着一个正电荷，氯离子带着一个负电荷，因此整个食盐水溶液还是电中性的。在化学上，我们把一个化合物在水中分解成带着相反电荷的两种离子的过程叫作电离。因此，我们可以说食盐（氯化钠）在水中电离成了钠离子和氯离子。

醋、小苏打会发生电离。
金、银不会发生电离。
小苏打
醋

哪些分子会发生电离?

现在我们了解了电离过程，氯化钠在水里会电离成钠离子和氯离子，那么如果氧气进入到水里也会变成两个氧离子吗？答案是否定的！只有由不同元素组成的化合物在水溶液或熔融状态下才能发生电离过程，比如钠和氯组成的氯化钠；而由同一种元素组成的化学物质（在化学上我们也把它称之为单质）在水中是不会发生电离的，比如氧气或一块金属铁。

强电解质和弱电解质

氯化钠溶解在水中时会发生完全的电离，也就是说氯化钠分子会完全电离成钠离子和氯离子，这个时候在水中是没有一个完整的氯化钠分子存在的！而另一种化合物醋酸，它在水中只会发生部分的电离，也就是说醋酸的水溶液里面既有离子，也有完整的醋酸分子存在。在化学上我们把在水里能够完全电离成离子的化合物称为强电解质，而在水中只能部分电离的化合物叫弱电解质。

你知道吗?

溶液是由两种或两种以上的物质混合形成的均一、稳定的混合物。被分散的物质通常以分子或更小的单位（如离子）分散于另一物质中。其中被分散的物质叫作溶质，溶解溶质的物质叫溶剂。

看到塑料袋背后的化学

其实一开始，发明塑料的人是想让大家能反复使用塑料袋的。
不过，很多人竟然把塑料袋当成一次性用品，用完就扔！

什么是塑料？

塑料一般指以树脂为主要成分，加入（或不加）增塑剂、填充剂、润滑剂、着色剂等添加剂，在一定温度和压力下塑造成一定形状，并在常温下能保持既定形状的有机高分子材料。什么是高分子呢？我们知道水分子、氧气分子都是由几个原子组成的，而高分子的组成原子数一般在几万以上。高分子化合物由于分子量很大，分子间作用力的情况与小分子大不相同，从而具有特有的高强度、高韧性、高弹性等特点。

我们常见的塑料制品可以分成很多种。

比如聚乙烯、聚氯乙烯、聚乙炔、聚苯乙烯等。

乙烯和聚乙烯

现在我们知道高分子和小分子的区别了，那么高分子化合物是怎么做出来的呢？我想你一定猜到了，没错，小分子化合物按照一定的顺序聚合起来就可以制备高分子化合物！我们来看看乙烯和聚乙烯，每个乙烯分子手牵手连接在一起就形成了聚乙烯。

塑料袋的危害

首先，高温下塑料袋会产生有害物质，如聚乙烯、聚苯乙烯等材料制成的超薄塑料袋在 65°C时会释放超过 20 种有害物质。这些物质会随食物进入人体，损害肝、肾、生殖系统和中枢神经，可能引发儿童性发育异常和女性乳腺癌。其次，塑料袋在抛弃和露天堆放时会释放有毒物质，如氨气、硫化物和有机挥发气体，可能产生致癌物。焚烧塑料袋也会产生有毒气体和黑烟，损伤人体脑细胞和肺功能。再次，塑料袋埋在土壤中难以腐烂，影响农作物生长和农业生产。最后，被遗弃的塑料袋容易被动物误食，引起食道阻塞和消化功能破坏，甚至可能导致死亡。这种现象在牧区、海洋和江河附近很常见。

你知道吗？

针对日益严重的“白色污染”，科学家发明了多种可降解材料，包括生物降解材料、光降解材料等。在日常生活中，我们最常接触到的可能就是由微生物合成的生物降解材料了，它包括了聚乳酸（缩写 PLA）、淀粉基塑料等。

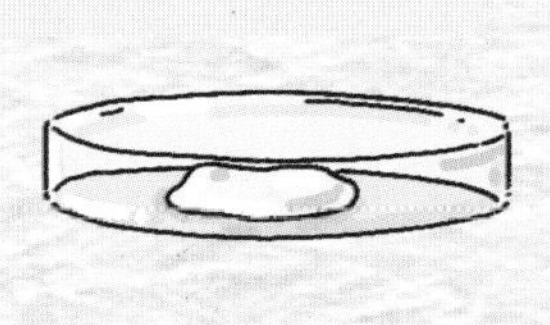

人工合成的威力

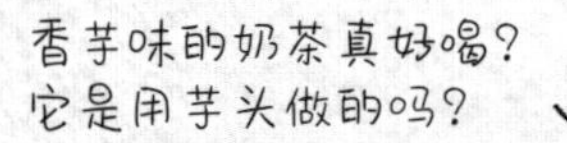

香芋味的奶茶真好喝？
它是用芋头做的吗？

什么是人工合成？

简单来说，“人工合成”就是通过人工手段而非自然过程制造出某种物质或产品的过程。它强调的是人类通过技术手段创造出自然界中存在的或不存在的物质。这种合成过程往往是为了满足特定的需求，比如降低成本、提高纯度或是实现某些特殊的性能。现在，我们在市面上就能买到人工钻石，它们具有与天然钻石相同的物理和化学特性，从外观上根本分辨不出来二者的区别，但其价格通常要低廉很多。

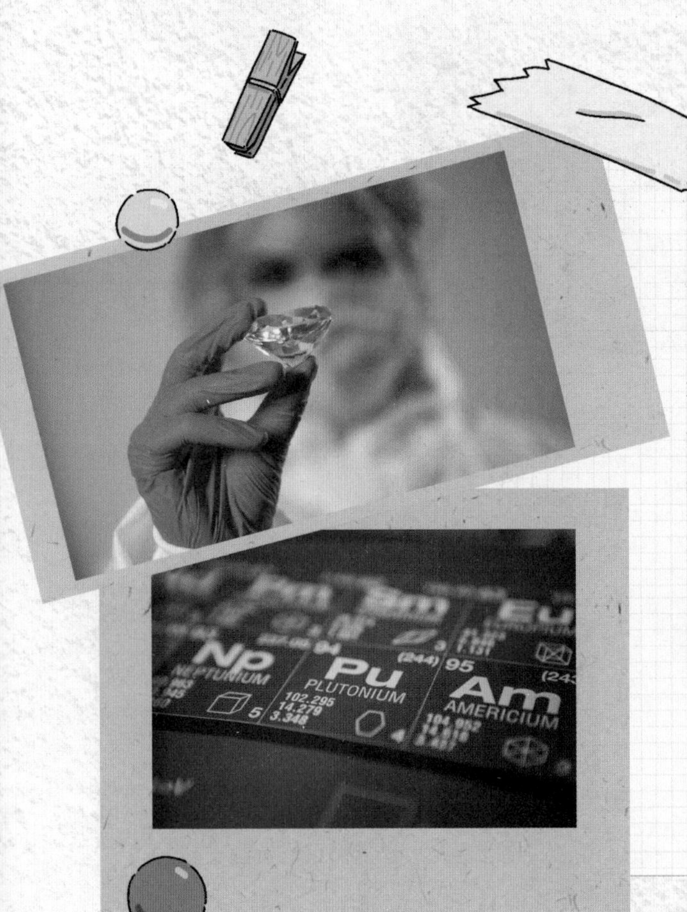

人工合成的元素

自然元素是指那些本来就存在于地球上的化学元素，比如氢、氦、锂、铍、硼、碳、氮、氧、氟、氖等。而人造元素则是指用人工方法制造出来的化学元素，比如锫、锿、镉等，它们通常位于元素周期表的后半部分。人造元素一般通过粒子加速器中的核反应来制备，通常产量极低，且非常不稳定，具有放射性，需要特殊的处理和储存条件。

人工合成的面料

人工合成面料是指通过化学方法或机械加工方式制造出来的纺织品，而不是从自然界直接获取的天然纤维。这些面料通常具有独特的性能，比如耐用性、防水性、透气性或弹性等，非常适合于特定用途。比如，聚酯纤维是一种常见的合成纤维，因其强度高、抗皱性强、易洗快干等特点，广泛用于服装、家居用品等；尼龙以其高强度和耐磨性著称，常用于制作运动服、袜子、背包和帐篷等；除此以外，还有氨纶、莱卡、丙纶等。

人工合成的味道

通过化学手段，也可以制造各种各样的食品添加剂，它们或模仿天然食物的味道或创造全新的味觉体验，可以增强或补充食品的味道，比如谷氨酸钠、阿斯巴甜、柠檬酸、姜酮酚等。

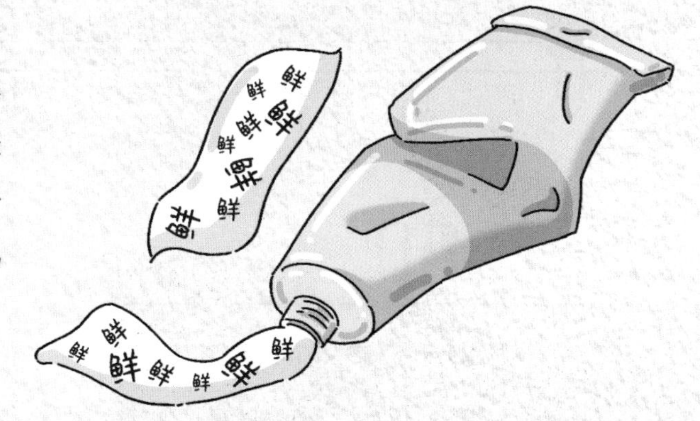

你知道吗？

邢其毅是我国著名的有机化学家，1965 年，他与团队共同努力，使中国成为世界上第一个用人工合成方法得到“活性”蛋白质——结晶牛胰岛素的国家。这一突破性的科学成就不仅标志着中国在蛋白质化学领域的领先地位，也为世界生命科学的发展作出了重要贡献。

烟花为什么是五颜六色的？

有些物质燃烧时会产生大量能量。
对呀，这股能量甚至可以将火箭推出大气层！

古老的化学反应：燃烧

燃烧是人类最早掌握的化学反应之一，它指物质进行剧烈的氧化还原反应，伴随发热和发光的现象。燃烧离不开可燃物、助燃物和点火源。可燃物是能燃烧的东西，比如纸张、布料、木材、酒精、汽油、煤气；助燃物是帮助可燃物燃烧起来的东西，比如氧气；点火源可以使可燃物达到燃烧所需的最低温度。当可燃物在一个有限的空间内迅速燃烧，其产生的热量和气体无法迅速扩散时，就可能引发爆炸。

只要供氧充足，即使在水下，物体也能燃烧。
在2000年悉尼奥运会上，火炬手第一次在水下传递火炬。

烟花里面都有什么？

为什么烟花被点燃后会有不同的颜色呢？一枚完整的烟花的化学成分主要由氧化剂、可燃物、显色剂和增亮剂四大部分组成。氧化剂起到助燃、氧化放热的作用，主要有硝酸盐和氯酸盐类等；可燃物主要包括碳粉、硫黄等，主要起到燃烧、提供能量的作用；显色剂主要由一些金属盐，如钠盐、铜盐、钡盐等组成，也是烟花五彩颜色的主要来源；增亮剂的作用是使得烟花更加明亮绚丽，主要利用了镁粉和铝粉在燃烧时会发出明亮的白光这一特性。

烟花为什么会有各种颜色？

烟花的颜色主要来源于一些金属盐在燃烧时所产生的特殊火焰颜色，这就是焰色反应。不同的金属盐在燃烧时可以释放出不同波长的光，反映到我们肉眼中也就是不同颜色的光了。因此，在烟花中添加不同的金属盐时，它们燃烧时就会呈现出不同的颜色。

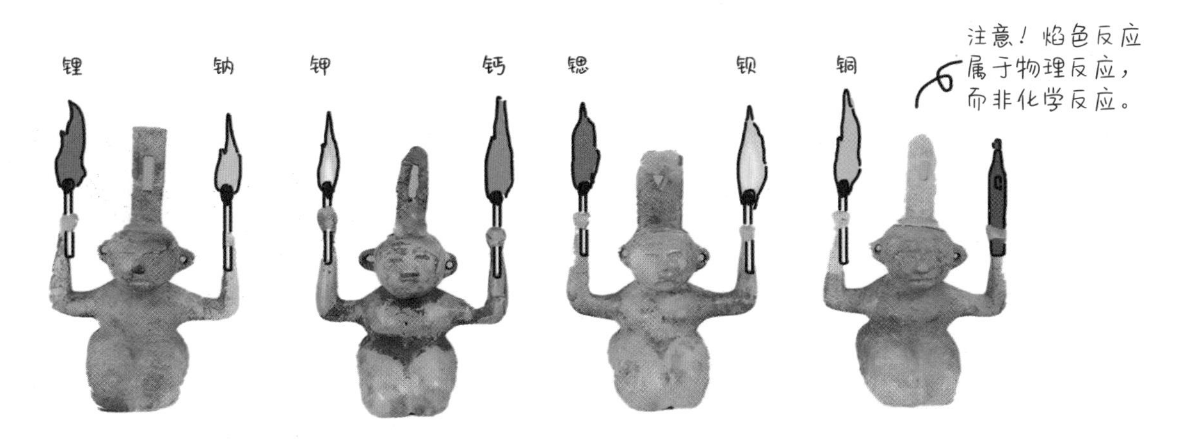

锂
钠
钾
钙
锶
钡
铜
注意！焰色反应属于物理反应，而非化学反应。

怎样灭火呢？

灭火的根本是破坏燃烧条件。比如，我们在生活中最常见的灭火方法就是浇水，水遇热蒸发，会吸收大量的热量，从而降低可燃物的温度；在森林火灾中，消防员有时会砍掉一部分树木，以此开辟隔离带，当火烧到没有可燃物的地方，就会自然熄灭了；还有灭火毯、泡沫灭火器、干粉灭火器等，它们能阻隔氧气与可燃物接触，使火焰因缺少必要的氧气而熄灭。

电器着火不能用水浇！
否则，我们很容易触电！

你知道吗？

相对于传统烟花，“冷烟花”这种烟火装置，因燃料中添加了燃点较低的金属粉末，所以喷出的“火花”温度较低、烟雾较少，很适合在室内或人群密集的地方表演。不过，即便这样，“冷烟花”燃放时，其喷射口的温度通常在700℃到800℃之间，仍有可能烧伤人的皮肤，甚至点燃衣物。

我不要喝药！药太苦了！

“良药”为什么苦口？

中药为什么会苦？

哑巴吃黄连，
有苦说不出！

提起中药，大家的第一反应就是一个字——苦！只要你喝过一次黑乎乎的汤药，这种令舌头发麻、浑身一颤的苦味，就会令人记忆犹新。用来熬制汤药的药材大多来自植物，而植物在代谢过程中会产生一种带有苦味的化学物质，即生物碱。一些植物正是依靠体内的生物碱变得苦涩，让食草动物对它们望而生畏。当然，除了生物碱，中药里往往还有一些黄酮（tóng）、内酯（zhǐ）等化学物质，它们中的一些也带有苦味。

穿心莲被认为是世界上最苦的植物之一！

生物碱到底是什么？

大家一定很好奇生物碱是什么？其实它不是一种单一的物质，而是一大类来源于植物的含氮有机物的统称。至今，科学家们发现的生物碱种类已经超过了10000种，这个数字还在不断增长。我们所熟知的香烟中的尼古丁，就是一种常见的生物碱；存在于咖啡豆、茶叶、可可豆等植物中的咖啡因也属于生物碱；发芽的马铃薯之所以不能食用，就是因为其中一种有毒的生物碱——龙葵碱的含量急剧提高了。

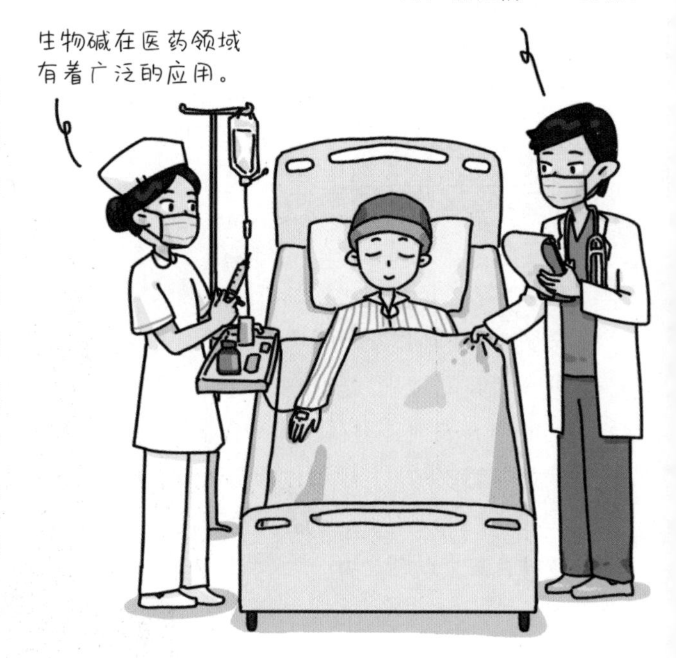

生物碱在医药领域有着广泛的应用。
比如吗啡，它可以有效减轻癌症病人的剧痛。

就没有不苦的中药吗？

虽然说“良药苦口”，但不苦的也并非不是良药。那些只含有微量生物碱的中药尝起来就不太苦，而那些不含生物碱的自然就更加适口啦。比如，在药方中加入甘草的药剂会带有明显的甜味，以及一丝爽口的草本香气；加入芒硝的药剂会带有一定的咸味；加入肉桂的药剂则会呈现出辛辣与香甜交融的复杂味道。

酸梅汤其实也是一种传统药剂哦，它有清热解暑、生津止渴的功效，口感是酸酸甜甜的。
酸梅汤的药方中通常会含有甘草、乌梅、山楂、陈皮、桂花等中药材。

吃中药可以加糖吗？

在吃中药时是否可以加糖来缓解苦味，取决于具体的药方。中药的化学成分比较复杂，糖类特别是红糖中含有较多的铁、钙等元素，这些物质可与许多药材的有效成分结合，发生化学反应，导致中药变得浑浊，出现沉淀物，从而降低药效。

你知道吗？

药学与化学紧密相连。缺乏化学作为基础，人类将无法开发出更多药物来救治那些遭受病痛折磨的人们。比如，青蒿素就是从传统中药材黄花蒿中提取的一种化合物，其化学式为 $C_{15}H_{22}O_5$，被广泛用于治疗疟疾。

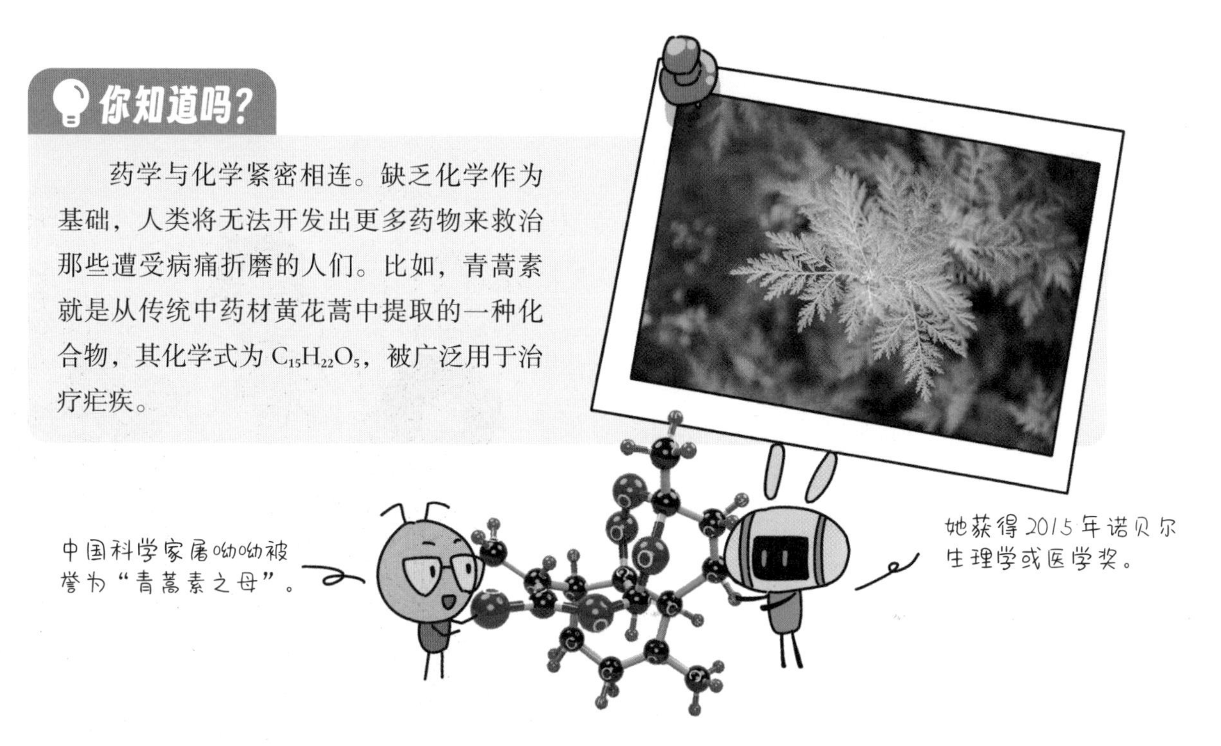

中国科学家屠呦呦被誉为“青蒿素之母”。
她获得2015年诺贝尔生理学或医学奖。

多姿多彩的矿物

对呀，电动自行车的蓄电池里就含有铅。
我们的生活离不开矿物。

矿物是什么？

站在化学的角度上，我们把一群具有稳定的结晶结构和化学组成的天然化合物或者纯物质称为矿物。从这句话中，我们可以提炼出矿物的三个主要特征：首先，它必须是天然形成的，不能是人类制造的，如果是由人工合成的，如人造金刚石，则被称为人工合成矿物；其次，矿物的化学组成很稳定，不容易自发转变成别的东西；最后，矿物中的原子排列很有规律。

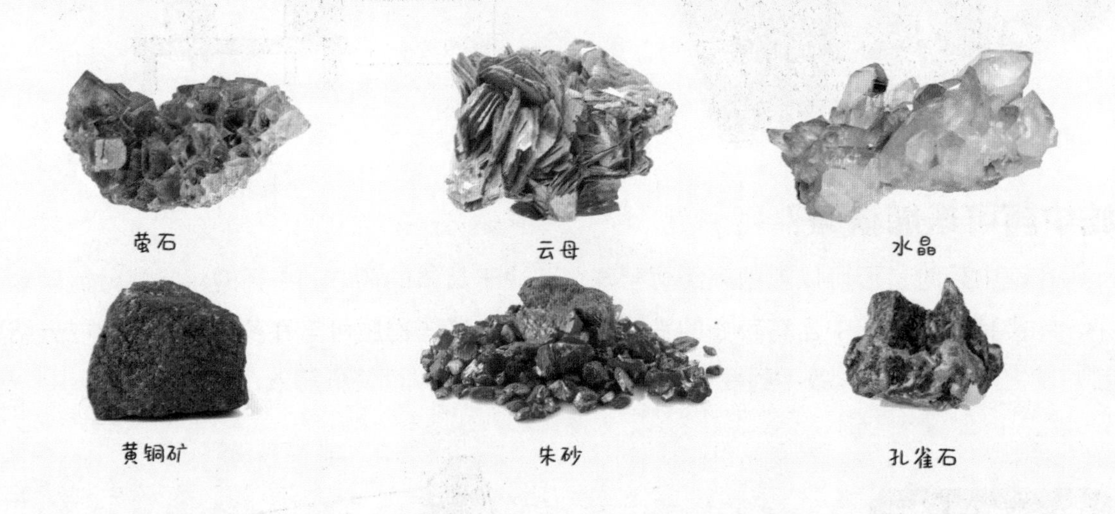

矿物有多重要？

自诞生以来，地球已经历经了几次重要的地质大变迁，这些变迁在地壳深处孕育了众多矿物，这些矿物资源包括金、银、铜、铁、铝、钠、镁等金属矿物，以及石膏、石墨、绿松石、孔雀石、水晶等非金属矿物。你可以将它们想象成大自然在地球表面和内部随机埋藏的“宝藏”。有学者认为，人类的发展史也就是对各种矿物利用的历史。从旧石器时代、新石器时代、青铜器时代、铁器时代，到目前的“硅时代”，矿物参与了人类文明发展的全过程。

不仅地球上有矿物，从太空中飞来的陨石中也有。

矿物里都有什么？

早在原始社会时期，我们的祖先就开始使用矿物，生活在新石器时代的先民甚至已经会选择其中色泽漂亮的去制作礼器和配饰；到了青铜器时代，先民大量开采铜矿石和锡矿石来制作精美的青铜器；到了铁器时代，人们发现并利用的矿物就更多样了；在科技发达的现代社会，用来制造原子弹的放射性铀元素也是从铀矿石中提取出来的。元素是构成矿物的基础，决定了矿物的化学性质，只有了解不同元素的“脾气”，我们才能更好地利用矿物。

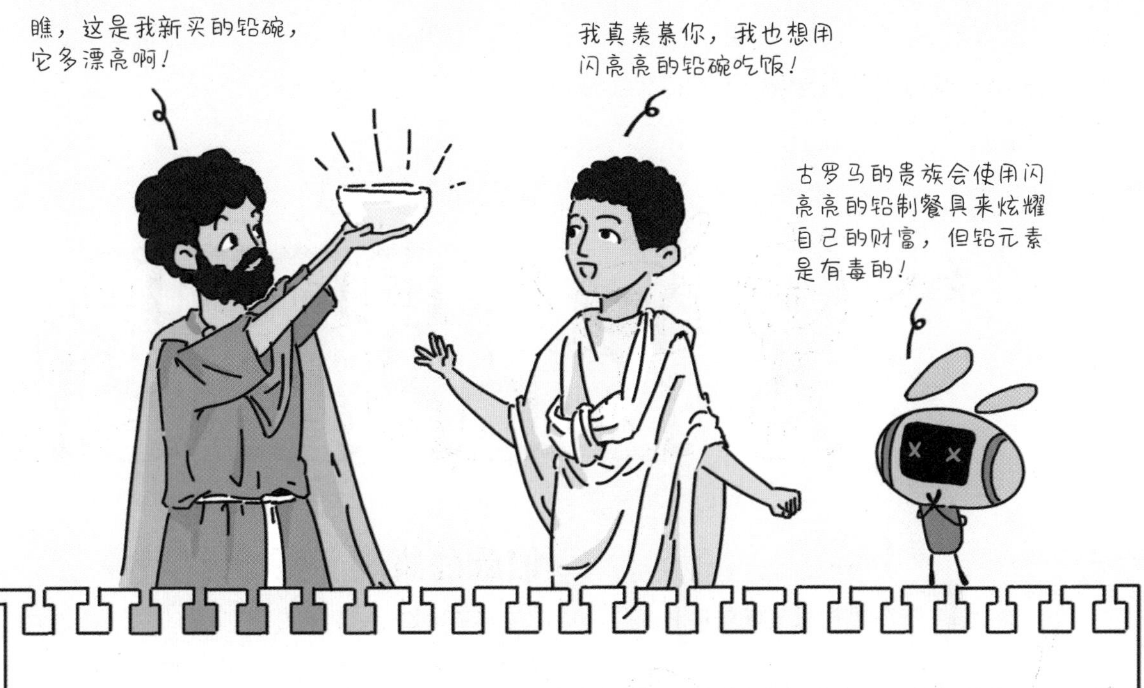

瞧，这是我新买的铅碗，它多漂亮啊！
我真羡慕你，我也想用闪亮亮的铅碗吃饭！
古罗马的贵族会使用闪亮亮的铅制餐具来炫耀自己的财富，但铅元素是有毒的！

煤是矿物吗？“煤”和“矿”这两个字好像天生就被人们连在了一起，从起源上来看煤矿确实是在地球上天然生成的，而且主要分布在地壳中。但实际上，煤主要由有机物质组成，其化学组成较为复杂且不固定，这并不符合矿物具有稳定化学组成的特点。因此，从严格意义上来说，煤并不属于矿物，它只能被归于化石能源的一种。

你知道吗？

为什么说稀土是“工业黄金”？

原来稀土元素这么常见。

对呀，就是提取它们比较困难。

稀土元素有哪些？

回想一下我们前面说过的元素周期表，稀土元素都在里面！我们一般把元素周期表中的镧、铈、钪、钇、钐、铕、钆、钬等 17 种元素统称为稀土元素，它们具有独特的化学性质，所以被归类在一起，并且它们都是金属元素。中国是世界稀土资源储量最大的国家，也是唯一能自主开采全部 17 种稀土金属的国家。

稀土元素原来指的不是一种元素啊……
是呀，它是一个大家族！

稀土的开采和加工可能会破坏环境。
别敲啦，你们快要把我变成秃头啦！

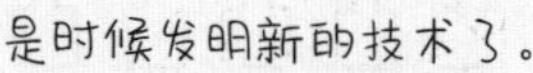

是时候发明新的技术了。

谁最先发现了稀土元素？

1794 年，芬兰人加多林从一块矿石中分离出了一种物质，他认为那是一种新的元素，取名为“钇”。后来，有人又发现了几种与“钇”化学性质相似的物质。当时的科学家们认为这些物质十分稀少，长得又像土，所以就把它们叫作“稀土”。不过现代科学证实，加多林发现的“元素”其实并不是钇，而是钇的氧化物。稀土在地壳中的含量也并不稀少，随便挖一锹土，都可能是含有几种稀土元素的化合物。但是因为习惯已成，这些元素还是被称作“稀土”。

为什么稀土不容易提炼？

稀土元素之间化学性质极为相似，这使得它们在矿石中常常相互混杂，分离这些元素需要复杂的化学过程。而这个过程需要专门的设备和技术人员来实现精确的工艺控制，不仅会消耗大量的时间和能源，还会产生许多危险的废料。因此，虽然稀土在地壳中的含量并不少，但世界上只有少数几个国家能够实现自主开采和加工。

稀土为什么如此重要？

将稀土元素添加进金属材料里，会大幅提升金属材料的性能。比如，由于稀土元素会与氧、硫元素发生化学反应，炼钢时在钢水中加入稀土，可以有效清除钢水中的氧、硫元素，增加钢材的抗疲劳和耐腐蚀性；稀土与镁、铝、钛形成的合金是航空领域的重要材料；铈和镧与铁、镁、锌等金属混合在一起，形成的合金稍加摩擦就会产生火花，人们利用这种合金制成了打火石，应用在打火机中，十分方便好用。

化学是如何改变我们生活的？

从一件衣服说起

早期的原始人类是没有衣服穿的，当时他们往往会用树叶或者兽皮来遮挡自己的身体。后来，人们学会了纺织，开始从动物和植物身上提取纤维来做衣服。到了 19 世纪，化学的发展使得人们开始尝试人工合成纤维。现今，人工合成的化学纤维已经成为制作衣服的主要原料。而随着化学的发展，人们也发明了各种各样的染料，这才有了我们今天色彩斑斓的衣服。

从一块食物说起

很久以前，人类都是吃生肉的，因为他们没有掌握任何处理食物的办法。后来人类学会利用化学中的燃烧反应去加热、烤制食物，终于吃上了熟肉。再后来，我们的祖先发明了从海水中提取食盐的技术，食物也开始变得有滋味了。而现在，化学技术的进步让人们可以创造出各种各样的食品添加剂、增味剂，食物的口味也变得越来越丰富。

从一小粒药说起

在没有药物的时代，一次小小的感冒可能就会夺去人类的生命，更别提其他更加严重的疾病了。随着化学技术的不断进步，化学家们掌握了各种药物的合成技术，制造出了许许多多的特效药，护卫着人类的健康，阿司匹林的发明甚至被誉为拯救人类的奇迹。如今，化学在药物中的应用越发成熟，相信在未来癌症也将被攻克。

从一种材料说起

材料是人类用于制造器件、构件或其他产品的物质，是人类文明和技术进步的标志，以及人类赖以生存和发展壮大的物质基础。我们生活中使用的物品都是由各种各样的材料制成的。如我们使用的陶瓷餐具属于无机非金属材料，超市买东西时用的塑料袋属于高分子材料，建筑用的钢材属于金属材料，还有我们常听到的纳米材料等一系列新型材料。